the 마사지북 massage book

the 마사지북 massage book

the 마사지북 massage book

연장통

조지 다우닝 지음, 앤 켄트 러시 그림

오명자 외 옮겨엮음

the 마사지북 massage book

연장통

등 마사지 전문점이여 영원하라!

1972년 1월 『마사지북』이 발간되기 전까지 미국의 마사지는 의료 시술자, 매춘업자,
전문 트레이너에 의해서만 시행되어 왔다. 『마사지북』은 근육 이완과 치유의 터치에
대한 지식이 거의 없는 일반 대중들도 마사지를 시행할 수 있는 변화를 가져왔다.
짧은 시간 내에 마사지는 잘 알려지지 않은 일에서 대부분의 사람들이 일상에서
행할 수 있는 유쾌한 활동이 되었다.
『마사지북』은 내추럴 헬스지(Natural Health) 1996년 3·4월 호에서 '지난 25년간
가장 영향력 있는 도서' 세 권 중 한 권으로 선정되었다. 이는 마사지와 우리 생활이
이미 밀접한 관계가 되었음을 시사한다. 이젠 마사지에 관한 책이 없는 서점을,
안마사가 없는 헬스클럽을, 마사지 오일을 판매하지 않는 가게를, 피곤한
휴양객에게 마사지 서비스를 제공하지 않는 스파를 상상할 수 없게 되었다.
대도시에 등 마사지 전문점이 한 곳도 없다면, 의사와 보험회사에서 사고 후
마사지를 치료로 간주하지 않는다면, 아픈 아이나 부모님 또는 친구가 빨리 낫도록
돕고 싶은데 방법을 모르겠다면, 낭만적인 주말인데 연인이 섹시한 마사지를 해줄
생각을 하지 않는다면, 분명 마사지 이전의 삶은 지금만큼 좋지는 않았을 것이다.
1970년 보스턴에서 버클리로 이사를 간 후, 캘리포니아 바디 테라피 첫 시간에
참여하던 중 이 책을 써야겠다는 아이디어가 떠올랐다. 나는 출판 직종에 있었기
때문에 비전문가를 위한 마사지 매뉴얼은 유용하고도 흥미로운 소재라는 생각이
들었다. 그 후 에솔렌 인스티튜트(Esalen Institute)의 강사로 활동할 때 이
아이디어를 동료 조지 다우닝에게 말했다. 그리하여 다우닝이 글을 쓰고 나는
그림을 그리기로 결정했다. 버클리의 북웍스(Bookworks) 출판사에서 이 책을
출간할 의사를 비쳤고, 랜덤하우스(Random House)에서 공동 출판에 동의했다.
다우닝과 나는 동료들을 내 그림의 모델로 고용했다. 심지어 이 책의 편집자인 돈

제라드(Don Gerrard)와 그의 아내 유지니아(Eugenia)까지 모델이 되어 주었다. 출간 후 프로모션 투어를 다니면서 이 주제에 기분 나쁘게 키득거리는 수많은 토크쇼 진행자들에게 웃으면서 우리의 책을 소개했지만, 대중은 전폭적으로 이 책을 수용했고, 우리 책은 엄청난 베스트셀러가 되었다.

『마사지북』은 25년 이상 재발행을 거듭하였고, 필독해야 할 마사지 교본의 고전이 되었다. 나는 이 책 외에도 바디 테라피에 관한 열 권 이상의 책을 썼지만 이 책이 아직도 내가 가장 사랑하는 책이다. 25주년 기념 에디션이 발간된 것은 『마사지북』이 우리의 비전을 넓혀주고 우리가 서로를 편안하게 보살피도록 허락한 것에 대한 기쁨을 기념하는 의미를 담고 있다. 부디 이 책이 독자 여러분도 가장 사랑하는 책이 되길 바라면서, 주고 받고 즐기시라!

1998년 콜로라도 텔루라이드에서
앤 켄트 러시

한국판『마사지북』을 옮겨엮으며

마사지 대중화를 위한 여러 방면의 노력에도 불구하고, 건전하지 못한 상업주의 때문에 마사지는 오해에 부딪히고, 그로 인해 우리는 인간으로서 누릴 수 있는 건강한 생활문화를 가까이 하지 못하고 있다. 인간으로서 누릴 건강하고 올바른 마사지 문화를 되찾고 더욱 발전시켜 나가기 위해서는 마사지를 올바르게 전달할 수 있는 올바른 '마사지북'이 필요하다. 마사지 전문가로 살아온 많은 시간 동안 나는 올바른 마사지를 공유하고자 하는 마음으로 항상 올바른 '마사지북'을 만들어야 한다고 고민해왔다.

어느날 파주출판도시에서 이기웅 회장과 최훈 대표를 만났다. 한국판『마사지북』은 나의 열정을 올바르게 받아준 파주출판도시와의 인연으로 기획되었다. 그들은 나에게 미국판『마사지북』을 내놓으며, 이 책을 번역하여 한국의 마사지 실정에 맞게 엮어보자고 제안했다. 그들은 미국판『마사지북』의 남다른 가치를 잘 알고 있었다. '사람은 책을 만들고, 책은 사람을 만든다'는 진리의 말을 따르고자 했다. 평생을 걸쳐 정신과 몸으로 익혀온 마사지 이론을 한국판『마사지북』으로 옮겨엮는 데 산모사랑협회 장미희 등 주변의 마사지 전문가들이 함께 해주었다.

미국판『마사지북』은 글쓰기를 즐겨하는 조지 다우닝과 북 디자이너 프리랜서로 일하고 있던 켄트가 '우리가 직접 책을 써 보자'는 결심으로 시작된 책이다. 그들은 먼저 도입 챕터로 글을 시작했고, 이후 강의 섹션에 수록할 스트로크 중 몇 가지 대표할 만한 것들을 소개하고 그림을 곁들였다. 그리고 그 외 챕터에 수록할 만한 내용들을 정했다. 출간 과정은 대부분 재미있었지만 어떤 부분에서는 완전히 좌절했다. 내려야 할 결정은 끝이 없었다. 사진을 넣을 것인가, 그림을 그릴 것인가?

실험을 해본 후 라인드로잉을 수록하기로 결정했는데, 화려하지 않으면서도 본문에 삽입했을 때 더 '알아보기' 쉬웠기 때문이라고 한다. 그들은 특히 본문디자인에도 세심한 정성을 기울였는데, 행간에는 공간을 많이 두고 강의 섹션에서는 굵은 글씨체를 사용해서 책을 펴 놓고 마사지를 연습할 때 읽기 쉽도록 했다고 한다. 미국판 『마사지북』은 일상의 필요에 의해 촉발한 조지 다우닝과 앤 켄트 러시, 그리고 편집전문가들의 에너지가 응집된 귀한 책이다.

나 역시 편집전문가, 마사지 전문가들과 함께 원서의 저자들과 똑같은 경험을 하며 한국판 『마사지북』을 만드는 작업에 참여했다. 미국판 『마사지북』을 한국의 마사지 발전을 위해 옮겨엮으며, 책의 진정성과 그 힘을 다시 한 번 깨닫게 되었다. 그러한 노력과 마음이 담긴 한국판 『마사지북』을 통해 많은 사람들이 건강한 삶을 누리게 되길 바란다.

2012년 8월
옮겨엮은이를 대표하여 오명자 쓰다.

마사지를 하는 이유

마사지는 가족, 친구, 연인을 위한 활동이다. 할머니와 아이, 그리고 사랑하는
연인은 물론 애완동물을 위해서도 할 수 있다. 마사지는 상대방을 돕고 보살피는
신체 활동이다. 신체적 보살핌을 나누고자 하는 누구에게든지 할 수 있는 방법이다.
통념과 달리, 마사지는 고급 섹스 테크닉이 아니라 치유 기법의 일종이다. 연인에게
시술했을 때에는 자연스레 아름다운 성관계로 이어질 수도 있다. 시술자와 피술자가
원하면 마사지를 통해 신체에 평화와 생기가 흐르는 경로가 너무나도 쉽게 열린다.
그러나 이것은 마사지가 가져오는 수많은 가능성 중 단 한 가지일 뿐이다.
마사지의 핵심은 말하지 않고 대화하는 특수한 방법이라는 데 있다. 마사지가
유일한 방법은 아니다. 평소에 상대방을 쓰다듬고 안으면서 우리는 그를
좋아한다거나, 동정하거나, 그의 가치를 믿는다는 뜻을 전한다. 그러나 마사지는
이와 같은 메시지를 새롭고 다른 방식으로 전할 수 있다. 기분 좋은 마사지를 받을 때
피술자는 보통 말로 설명하기 어려운 심신 상태에 들어선다. 지금까지 꽁꽁 닫힌 채
숨겨져 있던 특이한 공간에 들어간 듯한 느낌이다. 매일 명상을 수행하는 사람만이
알 것 같은 바로 그러한 공간이다. 그런 상태 자체만으로도 피술자에게는 큰
이익이다. 그러나 마사지를 시술하는 사람은 거기서 멈추면 안 된다. 피술자의
자각을 높이도록 조율하는 능력이 발달하면 시술자는 자신 내면의 자아와
경험까지도 전달할 수 있다. 마치 연약한 종이에 섬세한 펜으로 그림을 그리듯이,
최소한의 터치로 말을 전달하는 것이다. 신뢰, 공감, 존경, 서로의 신체를 느끼는
순수한 감각에 대하여 아무 말을 하지 않아도 이 순간만큼은 단어로는 결코 전달할
수 없는 표현력을 가지게 된다.
마사지의 정수는 간단하다. 마사지는 우리를 더욱 온전하게 완성시키고, 더욱 가득
채워준다. 시술자의 손은 이것을 상대방에게 전달할 수 있는 힘을 가졌다. 그 힘을
믿는 법을 배우면 마사지가 무엇인지에 관한 설명을 듣는 것보다 훨씬 마사지를 잘
이해할 수 있을 것이다.

이 책의 사용법

이 책은 두 가지 목적을 염두에 두고 썼다. 하나는 마사지를 시술하는 방법이고 다른 하나는 마사지의 의미와 목적에 대해 설명하는 것이다.

이 책의 세 파트 중 첫 번째 파트는 마사지를 시작하기 전에 알면 좋은 실용적인 정보를 담고 있다. 마사지 오일의 성질, 바닥에서 마사지를 하는 방법과 테이블에서 하는 마사지와의 차이와 유사점을 수록했다. 마사지를 시술한 적이 없는 경우에는 책의 뒷부분을 접하기 전 이 챕터들을 꼭 읽어보길 권한다. 특히 '손 사용법'을 잘 읽도록 한다. 이 내용에 대해 이미 잘 알고 있다 하더라도 이 챕터들을 대강이라도 읽고 넘어가기를 권한다.

다음 이 책의 두 번째 파트는 마사지를 스트로크(stroke)별로, 신체 부분별로, 신체 전체에 걸쳐 시술하는 방법을 소개한다. 이 책에서 설명하는 마사지 기법은 에솔렌 스타일 마사지로 알려진 여러 기법 중 하나이다. 이 마사지 기법은 최근에 빅서와 샌프란시스코의 에솔렌 인스티튜트에서 개발한 것으로, 유럽에서 한 세기에 걸쳐 전래해오던 것이며 흔히 스웨디시 마사지(Swedish massage)라고 불린다.

이 책의 타입, 그림, 디자인은 친구와 마사지를 시행하고자 할 때 옆에 펼쳐두고 보기 편하도록 고려했다. 그러나 마사지를 시작하기 전에 각 지침 내용을 소개하는 글과 시술하고 싶은 스트로크에 관한 특정한 설명을 먼저 읽어봐야 한다. 또 과도한 욕심을 부리지 말기를 바란다. 한 번에 여섯 가지 이상의 스트로크를 배우는 것은 좋지 않다. 마지막으로, 기회가 있을 때마다 배우고자 하는 스트로크를 자신에게도 시술해보기 바란다.

이 책에 설명하는 지침이 어려워 보이더라도 걱정할 필요 없다. 실제로 시술하게 되면 눈으로 읽었을 때보다 훨씬 쉬울 것이다. 책이 출간되기 전 마사지 지식이 전무한 여러 사람들을 대상으로 이 책의 일부를 실천해보도록 했는데 모두가 실제로 해보았을 때 거의 어려움을 느끼지 않았다.

이 책의 마지막 파트는 자신만의 마사지 스타일을 개발하도록 도움을 주고 있다.

여기서 좀 더 발전된 기법을 제안하고, 다른 종류와 전통의 마사지를 간단히
소개한다. 그리고 가장 중요한, 마사지의 의미와 이 의미를 이해함으로써 손을
어떻게 더 잘 사용할 수 있는지를 설명한다. 이 파트는 읽고 싶을 때 읽으면 되며,
지침 부분의 내용을 꽤 익숙하게 수행할 때쯤 훨씬 잘 와 닿을 것이라고 본다.
몇 가지 기본 기법을 먼저 숙달하도록 한다. 그 다음 이 책의 마지막에 수록된
지침들을 읽어보고 계속 나아갔으면 한다.

오일과 파우더

마사지를 하는 가장 좋은 방법은 오일을 사용하는 것이다. 윤활제 없이 맨손으로는 피부에 압박을 주게 되고 부드럽게 움직일 수도 없다. 오일은 마사지의 기능을 그 어떤 도구보다 더 잘 살려준다.

마사지에는 두 가지 종류의 오일을 가장 흔히 사용하는데, 식물성 오일과 광물성 오일(mineral oil)이다. 윤활의 기능을 충실히 한다는 면에서는 두 종류 모두 똑같이 만족스럽다. 광물성 오일은 거의 모든 전문샵에서 사용하는데, 식물성 오일보다 더 저렴하기 때문이다. 그러나 민간 구전에 크게 비중을 두어 생각하면 식물성 오일이 훨씬 더 선호된다.

자연 식품이 건강에 이롭다는 사실이 보편화된 후로, 다른 무엇보다도 피부 관리와 치료에 관한 수많은 민간요법이 소개되었다. 그 중 특히 자주 거론되는 말은 식물성 오일이 피부에 이롭고 광물성 오일은 피부에 해롭다는 것이다. 왜 그럴까? 식물성 오일이 피부에 흡수가 잘 되는 반면 광물성 오일은 모공을 막는다고 한다. 또 식물성 오일은 피부에 비타민을 제공해 주지만 광물성 오일은 오히려 파괴한다고도 한다. 이 모든 말들이 사실인지 아닌지는 잘 모를 뿐더러 어떤 것이 더 좋다는 과학적 연구도 없는 것으로 알고 있다. 그러나 경험상 이 같은 보편적인 사실이 맞는 것 같고, 위에 반증하는 사실이 밝혀질 때까지는 식물성 오일로 마사지를 해주고 또 받게 되기를 바란다.

식물성 오일을 사용한다고 했을 때, 어떤 식물의 오일을 사용해야 하는지는 크게 중요하지 않다. 각자 선호하는 오일을 사용하면 된다. 아몬드 오일, 올리브 오일, 홍화씨 오일, 아보카도 오일, 그 외 여러 가지를 사용했을 때, 모두 동일한 만족감을 얻을 수 있었다. 홍화씨 오일도 여타 오일만큼 괜찮으며, 비교적 저렴하다는 이점이 있다. 그리고 홍화씨 오일과 올리브 오일은 거의 모든 식료품점에서 판매한다는 것도 장점이다. 나머지 식물성 오일들은 고급 건강식품점에서 찾을 수 있을 것이다. 모든 식물성 오일은 서로 다른 종류끼리 섞어 써도 된다.

만일 베이비 오일 밖에 살 수 없다면 그것을 써도 괜찮다. 단, 사용하기는 꽤 어렵다.
피부에 너무 빨리 흡수되기 때문에 마사지를 하면서 몇 분마다 오일을 새로 발라야
한다. 핸드 로션 역시 같은 이유로 사용하기 불편하다.

모든 오일은 사용하면서 향이 날아가거나 변하기 쉽다. 그럴 경우에는 기분 좋은
향을 더할 수 있는 재료를 첨가하면 된다. 오일 한 컵에 머스크 향 몇 방울을
떨어뜨리면 향이 좋아진다. 농축시킨 정향 오일, 계피 오일, 레몬 오일도 괜찮으며
일부 화장품 가게에서 구할 수도 있다. 여러 브랜드점에는 갖가지 종류의 수입
방향 오일을 판매한다. 인도의 프란지파니(Frangipani) 농축 오일은 특히 인기가
많다. 초콜릿 농축 오일도 써본 적이 있다. 하지만 이 오일은 마사지를 하면서 계속
식욕이 당겨 별로 좋지 않았다.

마사지 피술자에게 선호하는 향을 선택하게 하는 것도 좋은 생각이다. 자신이
좋아하는 오일을 선택하면 마사지를 받는 자세도 좀 더 수용적으로 된다.
가지고 있는 오일을 잘 넘어지지 않고 입구가 3mm 이하로 좁은 플라스틱 병에
섞어서 방향시킨다. 화장품 가게에서 이 종류의 병을 찾을 수 있다. 샴푸와
핸드 로션도 이러한 용기에 넣어서 판매된다.

파우더는 어떨까? 파우더로도 마사지를 할 수 있다. 하지만 오일만큼 편리하지는
않다. 파우더는 자주 뿌려줘야 되고, 손과 피술자의 피부 사이의 마찰을 효과적으로
줄여주지 못한다. 그러나 파우더를 사용하고 싶을 때가 있을 것이다. 피부에 오일이
닿는 느낌을 싫어하는 사람에게 파우더를 사용하면 된다. 오일이 다 떨어졌을 때도
파우더를 대용하면 되고, 기분 전환으로 사용해도 좋다.
땀띠 파우더가 괜찮다. 오일을 사용할 때처럼 사용하면 된다.
손에 아무것도 사용하지 않으면 어떨까? 그래도 된다. 하지만 좋은 느낌의 마사지를

시술하기는 어려울 것이다. 이 책에서 설명하는 대부분의 스트로크는 오일이나 파우더 없이는 시술하기 힘들다. 그러나 맨손으로 가능한 마사지도 있다. 어떤 재료를 쓰든, 아니면 쓰지 않든 마사지는 언제나 할 수 있다.

그러나 오일과 파우더를 충분히 구비해 놓도록 한다.

바닥에서 마사지하기

마사지는 테이블에서 하는 것이 가장 수월하다. 그러나 테이블이 없어도 바닥에서 훌륭한 마사지를 시술할 수 있다. 단 좀 더 불편하고 피로가 빨리 온다. 바닥에서 올바른 방법으로 마사지를 시술하면서 번거로움을 최소한으로 줄이는 방법도 있다. 그보다 침대에 관한 경고를 먼저 해야겠다. 침대에서는 잠을 자도록 하고 그 밖에 무엇을 하든 상관은 없지만 정식 마사지만은 피해야 한다. 침대는 압박을 가할 때 시술자를 지지하기에 너무 푹신하기 때문이다. 침대에 누운 피술자에게 압박을 더 심하게 가할수록 피술자는 침대 속으로 파묻힐 뿐이다. 물침대는 예외다. 물침대는 좀 더 단단하고 딱 알맞게 지지가 된다. 그러나 통상적으로 침대는 마사지를 하기에 가장 좋지 않은 장소다. 마사지용 침대를 구비하거나 바닥에서 편안히 시술할 수 있는 방법을 찾기 바란다.

바닥에서 시술할 때 중요한 것은 쿠션감이 충분해야 한다는 점이다. 25~75mm 두께의 발포 패드가 좋다. 단, 패드는 피술자가 누웠을 때 차지하는 면적보다 더 길고 넓어야 한다. 2100×1200mm 이상이 좋다. 그 이유는 마사지 시술자 역시 쿠션이 필요하기 때문이다. 예를 들어 피술자 옆에 무릎을 꿇어서 시술해야 하는 스트로크가 있는데, 무릎 밑에 아무 것도 받치지 않는다면 피술자에게 시술한 것보다 훨씬 더 많은 마사지를 무릎에 해 주어야 할 것이다.

너무 짧거나 좁은 발포 패드는 피술자 옆에 앉거나 무릎을 꿇을 수가 없으므로 쿠션감을 줄 수 있는 무엇이든지 찾아서 덧대어야 한다.

침낭 두세 개를 사용해도 된다. 두꺼운 담요도 도움이 된다. 침낭의 지퍼를 열어서 너비가 두 배가 되도록 펼친다. 그러고 나서 옆의 그림과 같이 침낭이나 담요를 겹친다. 침대의 매트리스를 바닥에 바로 깔고 사용해도 된다. 단, 바닥에서의 높이가 마사지를 시술하기에 좀 불편할 것이다. 얇은 매트리스일수록 좋다.

발포 패드, 침낭, 담요 등 어떤 것이라도 피술자가 그 위에 눕기 전 깨끗한 천을 그 위에 덮고 사용한다.

바닥에서 시술할 때는 오일 병을 쳐서 흘릴 수도 있다. 입구가 충분히 좁은 병을 사용한다면 흘리게 되는 오일의 양은 매우 적을 것이다. 그래도 천이나 침낭에 얼룩이 묻지 않도록 주의해야 한다. 이에 대해 가장 좋은 대책은 크고 단단한 비닐 시트를 구입하는 것이다. 비닐 시트를 보호하고자 하는 표면 위에 덮고 그 위에 침대 시트를 덮는 것이다. 또한, 비닐 시트를 처음 사용할 때에는 테이프로 'X'를 표시하여 그 부분이 윗면이 되게 한다. 그러고 나서 비닐을 접어서 치울 때 윗면을 안쪽으로 마주하도록 접어 이물질이 묻지 않도록 한다. 이렇게 하면 비닐의 오일이 묻은 쪽이 시트에 닿게 덮는 실수를 피할 수 있다.

바닥에서 시술할 때 구사하는 실제 마사지 기법은 테이블에서 사용하는 것과 크게 다르지 않다. 몇 가지 스트로크를 다른 방식으로 시술해야 할 경우 내용에서 언급할 것이다. 그러나 여기서 일반적인 사항 두 가지만 일러두려고 한다. 하나는 바닥에서 마사지할 때는 반드시 테이블에서 시술할 때보다 짧게 해야 한다는 것이다. 바닥에서 시술하면 빨리 피로해지기 때문이다. 또 하나는 마사지를 할 때 등을 최소한으로 굽혀야 한다는 것이다. 이 말은 앉거나 무릎을 꿇을 때 시술자 자신의 편안함에 최대한 신경을 써야 한다는 뜻이다. 시술자가 편하면 피술자에게 더 만족스러운 마사지를 시술할 수 있고, 시술자 자신도 무한히 즐겁게 마사지를 해줄 수 있다.

마지막으로, 난방이 되는 장소에서의 열기만큼 마사지 효과를 상승시키는 것은 없다고 일러두고 싶다.

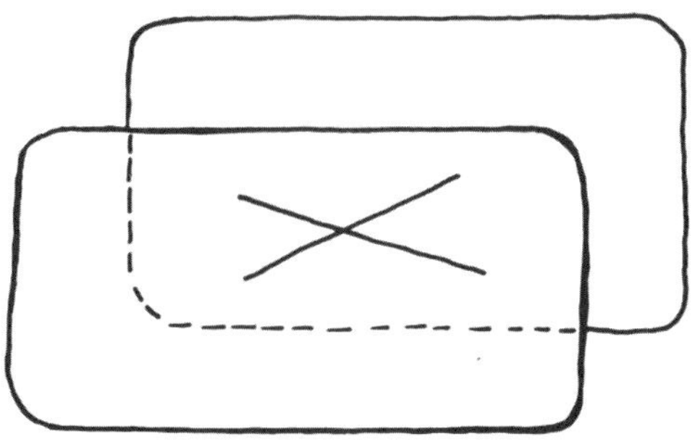

테이블

왜 테이블을 써야 할까? 테이블을 썼을 때 가장 큰 이점은 시술자가 몸을 기울이거나 굽힐 필요가 없다는 점이다. 장시간 마사지를 시술할 때 시술자가 등의 피로를 덜 느끼게 된다. 마사지 대상에 따라—머리에서 다리로, 오른쪽에서 왼쪽으로—위치를 바꾸기 편리하다는 이점도 있다. 마지막으로 신체의 일부분(발바닥 등)을 손이 직접 닿기 쉬운 위치에 놓을 수 있다.

마사지를 시술하는 횟수가 늘어나면 머지 않아 테이블이 필요하게 될 것이다. 이 경우 세 가지 선택안이 있다. 가지고 있던 테이블을 찾아서 약간만 개조하면 충분히 활용할 수 있을 것이다. 아니면 새 것을 사거나, 직접 만드는 방법이 있다.

테이블의 첫 번째 조건은 당연히 피술자가 차지하는 면적보다 커야 한다는 것이다. 또 피술자를 충분히 지지할 만큼 튼튼해야 한다. 이상적인 길이와 폭은 피술자가 팔을 몸에 붙이고 바로 누웠을 때의 면적이다. 예를 들어 전문 마사지숍의 테이블은 보통 길이 1800mm에 폭 600mm이다. 그러나 구할 수 있는 테이블이 너무 길거나 너무 넓을 경우, 가능하기는 하다. 이때는 시술자가 움직이면서 마사지를 하지 않고 시술 중 피술자가 수시로 위치를 바꾸어줘야 한다. 약간의 불편함은 있겠지만 그리 큰 문제가 되지는 않을 것이다.

높이 역시 중요하다. 테이블이 너무 낮으면 몸을 굽혀야 한다. 테이블이 너무 높으면 효과적인 마사지를 할 수 없을 것이다. 두 가지 척도로 테이블의 알맞은 높이를 구할 수 있다. 하나는 대강 허벅지 맨 위쪽과 일치하도록 높이를 정하는 것이다. 다른 하나는 어깨를 나란히 하고 똑바로 섰을 때 한쪽 팔을 펴서 내린 다음 손을 직각으로 젖힌다(즉, 손은 바닥과 평행이 된다). 그렇게 했을 때 손바닥이 테이블의 표면을 스치는 높이이다. 이 두 가지 척도 중에서 두 번째 방법이 더 정확했다. 약간의 마사지를 실시해보는 것이 훨씬 더 간단하고 정확하다. 평균 신장의 남녀일 경우, 730~780mm(패드를 포함하여) 정도의 높이가 알맞은 범위이다.

견고함 역시 중요하게 고려해야 한다. 테이블은 피술자를 받칠 수 있을 만큼 튼튼해야 할 뿐 아니라, 피술자가 누웠을 때 불안하지 않아야 한다. 스트로크를 시술할 때마다 테이블이 흔들거리거나 삐걱거리는 소리가 난다면 피술자가 긴장을 풀 수 없을 것이다.

테이블의 크기와 형태에 상관 없이 테이블 위에는 피술자가 누울 수 있도록 패드를 깔아야 한다. 두께 25mm의 발포 패드가 가장 좋다. 침낭도 괜찮다. 마사지를 받는 사람이 편안함을 느낄 수 있는 두께여야 하되, 손이 압박할 때 피술자가 위아래로 흔들리지 않을 정도로 얇아야 한다.

이러한 조건을 충족하는 테이블을 구할 수 없으면, 다음 단계는 직접 제작하거나 구매하는 것이다. 테이블을 제작하기는 연장의 수준과 만들고자 하는 테이블에 들이는 공에 따라 쉬울 수도, 많이 어려울 수도 있다.

마사지 테이블을 직접 만드는 가장 간단하고 쉬운 방법은 높이 710mm, 너비 600mm의 작은 톱질 나무토막 2개를 만드는 것이다(어떤 목공소에서도 이 정도는 저렴한 가격에 만들어줄 수 있을 것이다). 그 다음 20mm 두께의 합판을 사서 약 600×1800mm로 자르고 발포 패드를 맞추면 테이블이 완성된다.

좀 더 공을 들이고자 한다면, 최근에 견고하면서도 옮기기도 쉬운 최고의 테이블을 제작했는데, 테이블이 약 600×900×120mm 크기로 깔끔하게 접히는 것이다.

이 테이블의 제작법을 소개할까 한다.

먼저 아래 재료들을 준비한다.

－두께 12mm, 크기 600×900mm 합판 2장

－두께 12mm, 크기 550×300mm 합판 3장

－25×100mm, 길이 800mm 소나무 또는 전나무 보드 4개

－25×100mm, 길이 570mm 소나무 또는 전나무 보드 4개

－50×50mm, 길이 700mm 보드 6개

－600mm 연속경첩 1개

ㅡ스탠리락킹(Stanley locking) 테이블 다리 버팀대 6개(배치 방법에 관한

　설명서를 구해야 한다)

ㅡ손잡이 2개

ㅡ70mm 스트랩 경첩과 나사 6개씩

ㅡ짐 가방용 래치 2개

ㅡ황동 모서리 8개

ㅡ못(머리 없는 38mm 끝막음 못이 가장 좋다. 이보다 더 큰 못은 목재가 쪼개진다)

ㅡ강력 본드

*위 치수대로 하면 25mm 두께의 발포 패드를 위에 깔았을 때 770mm 정도 높이의 테이블이 된다. 테이블을 더 높이고 싶거나 낮추고 싶으면 50×50mm 다리 6개의 길이를 달리하면 된다.

준비가 다 되었으면 다음과 같이 테이블을 제작한다.

(1) 프레임과 다리용 합판과 보드를 치수대로 자른다. (2) 프레임을 세워서 모서리를 본드로 붙이고 못으로 박는다. 의욕이 있다면 은촉붙임(rabbit joint)을 만들어도 된다. (3) 상부와 프레임을 맞추고 본드로 붙이고 못으로 박는다. 역시 의욕이 있다면 상부를 프레임에 끼워 맞춰도 된다. (4) 다리를 상부 아래쪽에 경첩으로 잇고 가로대를 본드로 붙이고 못으로 박는다. (5) 브라켓을 붙인다. 까다로운 작업이므로 동봉된 설명서를 최대한 참조한다. 적당한 위치를 찾는 데 수고를 들여야 할 것이다. (6) 2개의 테이블을 경첩으로 서로 연결한다. (7) 걸쇠, 손잡이, 모서리를 붙인다. (8) 착색하거나 니스칠을 한다. 테이블을 사용할 때 25mm 두께의 발포 패드를 위에 깐다.

테이블을 구매하고자 한다면 몇 가지 괜찮은 물건들이 있다. 이들의 가장 큰 장점은 가볍고 이동하기가 수월하다는 점이다. 테이블 대부분은 알루미늄으로 제작되었고 겉면은 가죽이나 인조가죽으로 쌌으며, 아주 큰 서류가방같이 생긴 케이스 안에

접어 넣을 수 있다. 큰 문제는 가격인데, 테이블을 찾거나 주문하기에 가장 좋은 곳은 대형 의료기기점이다. 치수를 먼저 확인하도록 한다. 상용 이동식 테이블 중에 소인국 사람들만 쓸 수 있을 법한 디자인도 더러 있기 때문이다.

어떤 종류의 테이블을 쓰든, 마사지를 시술하기 전 깨끗한 시트를 테이블과 패드 위에 덮는다. 좁은 테이블에 흰 시트를 덮으면 심리적으로 위축된다. 색상이 있는 시트를 사용해야지 피술자가 수술대에서 수술을 기다리는 듯한 기묘한 느낌을 떨칠 수 있을 것이다. 직물점에서 밝은 색상의 테리 원단을 넓은 면적으로 구매하면 더 좋다.

분리된 모습

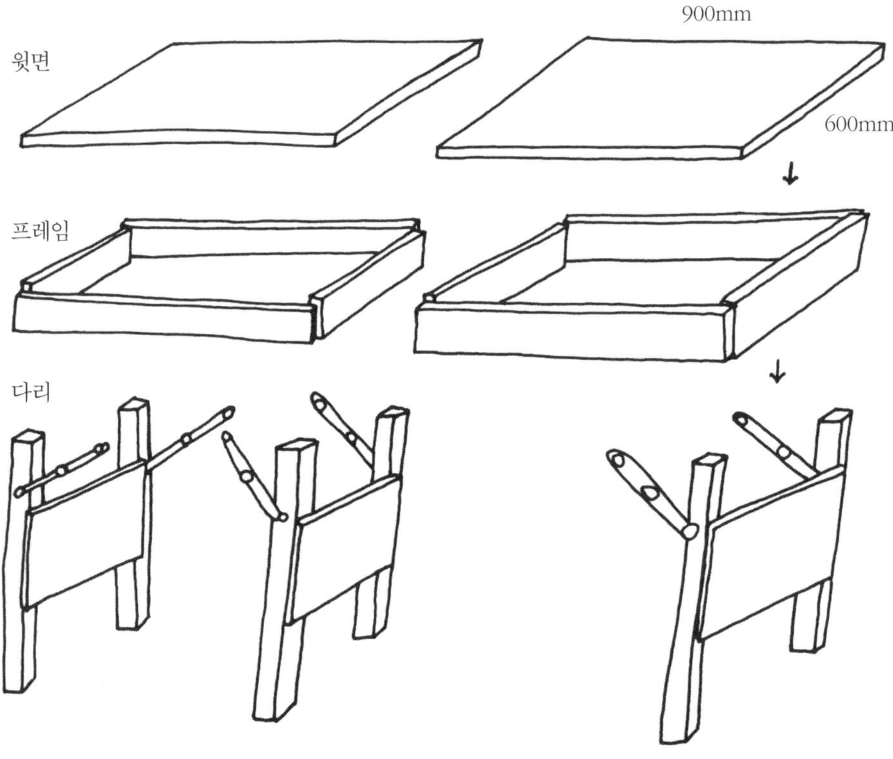
윗면
900mm
600mm
프레임
다리

합체된 모습

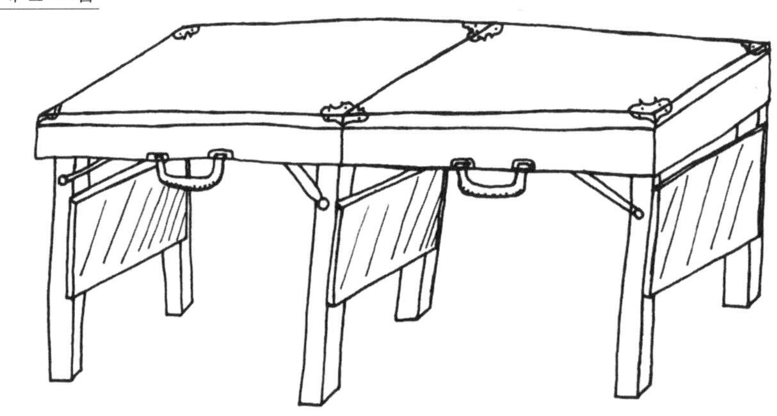

분리된 모습
윗면

테이블 측면(프레임 끝단 생략)

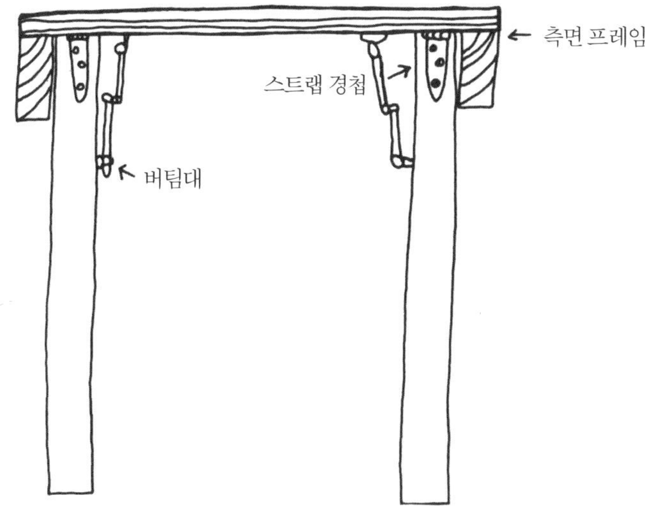

테이블 단면(측면에서 절반으로 잘랐을 때 보기)

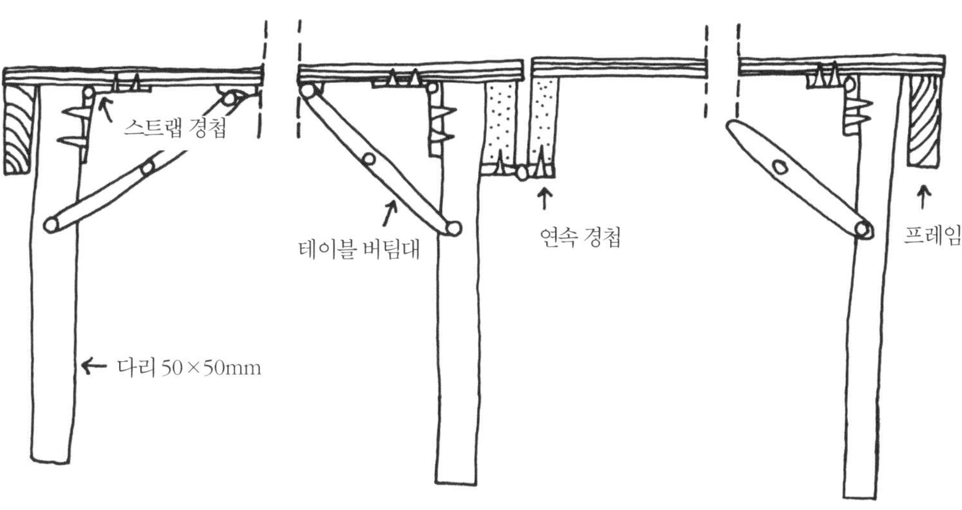

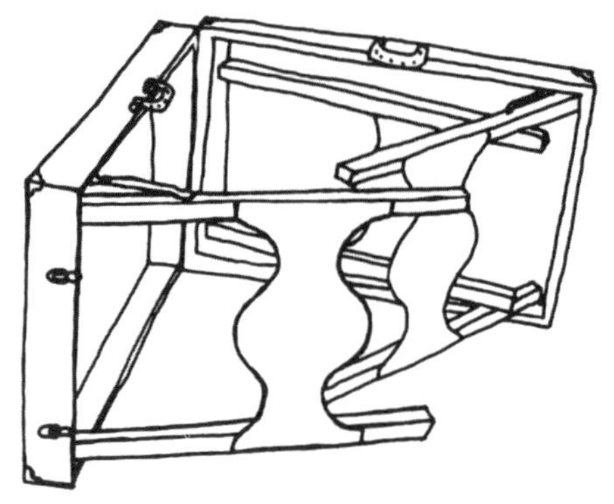

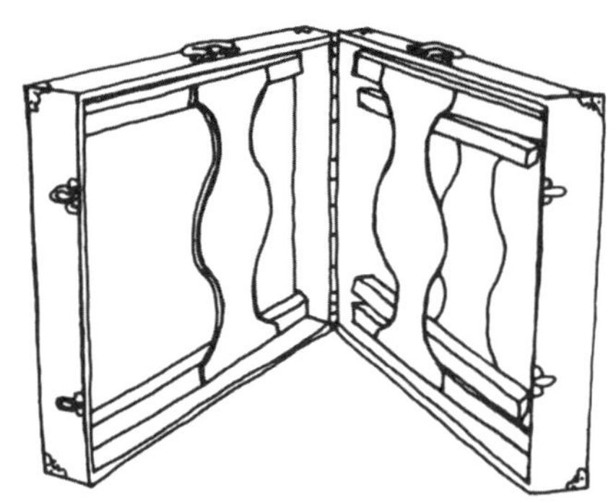

테이블을 접을 때

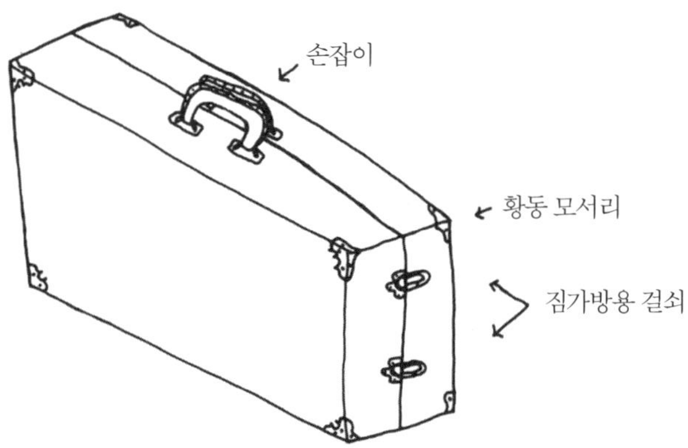

17

준비해야 할 것들

정성껏 준비하고 세팅을 올바르게 하면 훨씬 효과적인 마사지를 시술할 수 있다.
피술자는 더욱 편안함을 느끼고, 시술자도 마찬가지다.

마사지를 시술할 장소를 고르는 데 있어 가장 먼저 챙겨야 할 것은 고요함이다.
마사지를 받는 사람은 오로지 촉감만이 중요한 세계에 들어선다. 이러한 이유로
외부의 소음이나 분주한 분위기는 극도로 방해가 된다.

다음으로 고려할 점은 따뜻함이다. 마사지가 아무리 훌륭해도 신체의 추위를
사라지게 하지는 못한다. 문제는 오일 때문이다. 피부에 오일을 바른 피술자는
추위를 쉽게 느낀다. 마사지를 시술하는 장소의 온도는 약 21℃ 또는 그보다 약간
높아야 하며, 찬 공기가 들어오지 않아야 한다. 마사지를 시작하기 전에 난방을 해야
한다. 온도가 확실치 않으면 더울 만큼 난방을 한다. 추위를 느끼는 피술자의 몸을
데우는 것보다 처음부터 편안함을 느끼게끔 하는 편이 훨씬 수월하다.

같은 이유로 여분의 시트를 구비해 놓는 것도 좋다. 마사지를 하는 도중 피술자가
추위를 느끼기 시작하면 당장 마사지를 받지 않고 있는 신체 부위를 시트로 덮는다.
미리 오일을 혼합하여 향을 맡게 한다. 사용하기 편리한 용기에 마사지에 필요한 양
이상의 오일을 담고 따뜻하게 데운다. 실내 온도에 근접하게 데우라는 의미이다.
오일이 그보다 훨씬 차면 불이나 히터 근처에서 잠깐 데운다.

시술자가 사방에서 시술하기 편한 공간을 고려하여 테이블 또는 매트를 바닥에
편다.

피술자의 얼굴을 직접 비추는 밝은 조명은 쓰지 않도록 한다. 눈을 감고 있어도 눈
주위의 근육은 긴장하게 된다. 특히 머리 바로 위에는 조명을 절대 설치하지 않도록
한다.

음악 문제는 좀 까다롭다. 음악에 맞춰 하는 마사지가 도움이 된다고
생각하지만(이후 챕터에서 그 정도와 이유를 논할 것이다), 기본적으로는 마사지를
시술할 때는 음악을 틀지 않기를 강력히 권고한다. 음악은 확실히 마사지실에 기분

좋은 편안한 분위기를 더하지만, 그와 동시에 음악은 현재 경험하는 마사지의
느낌에 깊이 빠지는 것을 방해하기도 한다.

음악을 들으면서 명상을 하는 것과 똑같다. 음악은 그 자체로 아름답지만, 듣는
사람이 느끼는 모든 것을 음악 그 자체의 장막으로 덮어버린다. 그러나 음악을
들으면서 마사지 주고 받기를 좋아하는 훌륭한 안마사도 있다는 사실을 인정한다.
따라서 실험을 해보고 스스로 결정해야 할 것이다.

마사지를 하기 전 손을 검사한다. 반드시 손톱은 짧아야 한다. 손톱은 짧을수록
좋다. 마사지 전 손톱깎이가 손톱에 닿는 한 최대한 짧게 깎는다. 또 손을 씻어야
한다. 손에 이물질이 묻어 있거나 끈적거리면 바로 느껴진다.

손이 차가우면 데워야 한다. 손바닥을 맞대고 몇 분간 힘차게 문지르거나, 많이
차가울 경우 불이나 히터에 잠깐 쪼인다.

머리가 길면 시야를 가리지 않도록 뒤로 묶는다.

옷을 입은 채로 시술하고자 하면, 헐렁한 옷을 입어서 이동에 불편이 없도록 한다.
그리고 따뜻한 실내에서 시술하게 되므로 옷을 되도록 가볍게 입는다. 피술자가
불편해하지 않는 한 나체로 마사지를 시술하면 아주 기분이 좋다.

장시간 마사지를 하면 시술자나 피술자 모두 갈증을 느끼게 된다. 따라서 마실 물을
약간 준비해 놓는 것도 좋다. 더 좋은 방법은, 마사지가 끝나면 피술자로 하여금
눈을 감고 원하는 만큼 휴식을 취하게 한다. 그 다음 피술자가 눈을 떴을 때 차가운
과일 주스 한 잔을 제공하는 것이다.

마지막으로, 햇살이 내리쬐고 자연으로 둘러싸인 실외에서 마사지를 할 기회가
있으면 무엇이 더 필요하겠는가?

피술자에게 일러두기

마사지를 받기 전 몇 가지 기본적인 사항이 있다. 마사지를 시술하는 사람은 다음 사항을 일러주기 바란다.

마사지는 나체 상태일 때 가장 받기 좋다. 속옷이나 수영복 등 최소한의 의복을 걸치더라도 마사지를 시술하는 사람은 특정 부위의 중요한 근육들을 마사지하지 못하게 되며, 완벽한 마사지가 주는 가장 기쁜 단 한 가지 감각, 완전한 일체감과 유대감을 느낄 수 없을 것이다. 그러나 옷을 모두 벗게 되어 극도로 긴장하게 된다면, 굳이 다 벗지 않아도 된다. 궁극적으로 마사지를 즐겨야 하기 때문이다. 하지만 편안함을 느끼는 정도에서 최대한 많이 벗기를 바란다.

또한 반지, 팔찌, 목걸이, 귀걸이, 안경, 머리 장식은 모두 뺀다. 그리고 가장 중요한 점으로, 눈도 마사지를 받을 수 있도록 콘택트 렌즈도 빼야 한다.

마사지 시술자는 먼저 배를 대고 누워야 하는지 등을 대고 누워야 하는지 피술자에게 말해준다. 어떻게 눕든 정수리가 테이블 끝이나 패드 가장자리에 닿도록 누워야 한다. 팔은 몸 양쪽에 편안히 놓는다.

편안히 자리를 잡았으면 눈을 감는다. 그리고 호흡에 주의를 집중시킨다. 이렇게 하면 신체 전신과 더 잘 접촉할 수 있다. 호흡은 코나 입으로 한다. 원하는 만큼 길고 부드럽게 호흡하되, 잘 안 되는 것을 일부러 할 필요는 없다. 그리고 호흡이 골반 쪽으로 깊숙이 흘러가도록 놔둔다. 자신을 더욱 현재에 머무르게 유지하고, 생각은 마음 속에 들어온 것만큼이나 쉽게 마음 밖으로 흘러나가도록 한다.

이 순간에 피술자가 할 일은 그저 자신을 내맡기는 것이다. 마사지를 '도우려고' 해서는 안 된다. 팔을 들어야 할 때에는 팔을 들도록 놔둔다. 고개를 한쪽으로 돌려야 할 때에는 시술자가 고개를 돌리게 놔둔다. 다시 한 번 강조하지만, '도와주려고' 해서는 안 된다. 그렇게 하면 마사지가 주는 이완의 흐름을 깨뜨릴 뿐이다.

팔다리를 들었다 놨을 때 즉시 테이블이나 바닥에 툭 떨어질 만큼 할 수 있는 한 몸을 축 늘어뜨린다. 단 한 가지 예외가 있다. 배를 대고 누웠을 때에는 목이 뻣뻣해질 때마다 스스로 머리를 한쪽에서 다른 쪽으로 돌린다.

시술자가 피술자에게 최초로 신체 접촉을 하는 순간, 피술자는 모든 주의를 그 접촉으로 돌리려고 노력하라. 그 감각을 분석하거나 시술자가 구사하는 기술을 파악하라는 의미가 아니다. 누군가가 말할 때 그 내용에 집중하는 것이 아니라 그저 그 사람의 목소리를 들을 때처럼 그 접촉의 내용에 집중하는 것이다.

동시에 호흡을 계속 주시한다. 원한다면 날숨이 마사지를 받고 있는 신체 부위로 흘러간다는 상상을 해도 된다.

마사지를 하는 동안에는 말을 되도록 적게 하는 것이 좋다. 마사지를 통한 자신의 신체와의 만남에 말은 방해만 될 뿐이다. 그러나 신체에 아픔을 느낄 경우에는 주저하지 않고 말해야 한다. 춥거나 불편한 사항이 있을 때에도 말해야 한다. 그리고 마사지를 받는 중 언제라도 한숨이 흘러나오면 그저 날숨과 함께 내보내도록 한다.

마지막으로, 마사지가 끝나면 즉시 일어나지 않아도 된다. 눈을 감은 채 그대로 누워 있는다. 지금 전해져 오는 느낌을 그대로 더 흡수하도록 신체를 놔둔다.

오일 바르기

피술자의 신체에 오일을 바르는 것은 간단한 일이지만, 알아두면 좋은 몇 가지
조건이 있다.

무엇보다도 오일을 병에서 피술자의 피부에 직접 부으면 절대 안 된다. 대부분의
사람들이 이는 대단히 좋지 않은 감각으로 받아들인다. 오일을 먼저 손에 부은 다음
손으로 피술자의 신체에 발라야 한다.

같은 이유로 오일을 받는 손은 피술자의 신체 바로 위가 아니라 신체 한쪽에서 약간
떨어져 있도록 한다. 그러면 오일을 몇 방울 떨어뜨리더라도 피술자의 신체에 바로
떨어지지 않는다.

손바닥에 오일을 부을 때에는 한 번에 티스푼 사분의 삼 이상이 되지 않도록 한다.
처음에는 이 정도의 양을 바르고, 그 다음 필요한 만큼 더 붓는다.

오일이 차가운 상태라면 두 손바닥을 세게 비벼 오일을 데운다.

오일은 당장 시술하고자 하는 신체 부위에만 바른다. 시술하지 않는 부위에 오일을
바르면 마사지를 하기 전에 피술자의 피부가 오일을 일부 흡수해버린다.

오일을 바를 때에는 양 손바닥을 모두 이용한다. 하고 싶은 종류의 스트로크를
간단히 시행하되, 부드러우면서도 확실하게, 꾸준히 시행한다. 이는 마사지를
시작하면서 최초로 오일을 바를 때 특히 중요하다. 최초의 접촉에 대한 인상이
확신에 차 있고 분명하면 피술자는 즉시 이완을 하게 된다.

마사지하고자 하는 구역 전체에 체계적으로 바른다. 어떤 구석도 놓쳐서는 안 된다.
하지만 피술자의 신체가 오일에 흠뻑 젖을 만큼 발라서는 안 된다. 피술자의 피부에
오일 여분이 고여 있으면 안 된다. 이를테면 평균 너비의 등에는 티스푼 두 개 정도면
충분하다. 오일을 너무 많이 발랐다고 판단될 때에는, 손등이나 팔로 여분을
훔쳐내면 된다. 아니면 오일 일부를 피술자의 신체 다른 부분에 퍼뜨려 발라도 된다.
털이 있는 가슴 또는 다리나 등 부위에는 더 많은 오일이 필요하다. 오일이 부족하면
피부 표면에서 손을 움직일 때마다 털이 당겨진다.

오일을 붓고 난 뒤에 오일 병을 두는 장소에 주의한다. 바닥에서 시술할 경우, 다음 번에 필요할 때 찾기 쉽고 넘어뜨리지 않을 만한 곳으로 정한다. 테이블에서 시술할 경우, 가능하면 테이블 위에 병을 놓지 않도록 한다. 언젠가는 병을 엎지르거나, 병을 엎지르지 않으려고 움직임에 제약을 가하게 될 것이다. 훨씬 편리한 방법은 마사지를 시작하기 전에 병을 놓아 둘 적당한 장소를 한 곳 내지 두 곳 만들어놓는 것이다.

여기에 한 가지 문제가 있다. 한 가지 일반적인 마사지 규칙은 피술자의 신체에 최초로 접촉한 뒤로 마사지가 끝날 때까지 한쪽 손은 계속 피술자를 접촉하고 있어야 한다는 것이다. 그러나 이것은 짐작하다시피 오일을 더 발라야 할 때 애로점이 있다. 오일을 부을 때 한쪽 손을 피술자의 신체에서 떨어뜨리는 동시에 어떻게 피부에 계속 접촉하고 있으란 말인가? 해답은 피술자의 신체 한쪽 편으로 손을 가져가는 동안 팔꿈치나 아래팔을 피술자의 신체에 가볍게 놓는 것이다. 처음에는 어색할 수 있으나, 숙련되면 쉽고 자연스러운 동작이 된다.

마지막 팁이다. 이 방법을 터득하기까지 몇 년간 테이블 주위를 왔다 갔다 했는데, 오일 병을 한 개가 아닌 두 개를 사용하는 것이다. 하나는 가까운 테이블 끝에 놓고 다른 하나는 반대쪽 테이블 끝에 놓고 시술하면 움직임을 많이 줄일 수 있고 병을 집으려고 곡예를 부리지 않아도 된다.

손 사용법

손으로 하나가 되는 법을 아는 것이 마사지의 핵심이자 진정한 기술이다. 마사지를 많이 할수록 이 지식은 더 많은 것을 알려줄 것이다. 하지만 손은 감각이 둔해서 이를 숙련하려면 시간이 걸린다. 힘든 과제는 아니지만 결코 끝은 보이지 않을 것 같다. 최초로 마사지를 시술하기 전 이 글을 먼저 읽고 나서 언급한 대로 꼭 실험해보기를 권한다. 단, 인내심을 가져야 하며, 모든 단계를 하룻밤에 끝내려고 해서는 안 된다. 이제 시작일 뿐이다.

몇 가지 팁을 소개한다.

마사지를 할 때 압박을 가하라. 몇 가지 스트로크를 실제로 습득했으면, 가하는 압박의 정도는 특정 스트로크와 스트로크를 사용하는 신체 부위마다 다를 것이다. 그러나 어느 정도의 압박은 거의 항상 필요하다. 처음 마사지를 배우는 많은 사람들은 손으로 상대방을 아프게 할까 걱정하는 바람에 의식적으로나 무의식적으로 손에 거의 압박을 가하지 않는다. 피술자는 그렇게 연약한 사람이 아니므로 걱정하지 않아도 된다. 시술자가 마사지를 받아보면 알 수 있겠지만, 압박감은 좋은 느낌을 준다. 여러 수준의 압박으로 실험을 해보라. 너무 세게 누르고 있지 않나 걱정될 때에는 항상 피술자에게 이 점을 물어보면 된다는 점만 기억한다.

손에 힘을 뺀다. 손을 움직일 때는 가능하면 느슨하고 유연하게 유지한다. 이것이 어려운데—아마도 눈으로 읽을 때보다 직접 하면 더 어려울 것이다—두 가지 이유 때문이다. 하나는 팔다리를 움직이는 동시에 이완시키는 것은 가만히 있으면서 이완시킬 때보다 훨씬 어렵기 때문이다. 다른 하나는 우리 중 거의 모두가 알지 못하는 사이에 손에 엄청난 강도의 긴장을 항상 싣고 살기 때문이다. 이 종류의 긴장을 없애는 방법이 있다. 마사지를 하는 행위 자체가 긴장을 없애는 훌륭한 방법이고, 이 책의 후반부에서 다른 방법을 알려주겠다. 이 방법들은 시간이 걸린다. 대개 몇 달이 걸리고, 때로는 몇 년이 걸리기도 한다. 그러나 손이 뻣뻣하거나 당긴다는 느낌이 들 때마다 손에 주의를 집중하고 긴장을 풀려는 노력을 조금이라도 한다면 곧바로 시작할 수 있다.

손의 형태를 손이 지나가는 신체 모양에 맞도록 본뜬다. 알다시피 어떤 기법은 손의 특정 부위만 사용해야 하지만 대부분의 마사지 스트로크 효과는 손바닥 전체와 손가락을 항상 피술자와 접촉할 줄 아는 능력에 따라 달라진다. 예를 들어, 가능하면 신체의 한 부분에서 다른 부분으로 옮겨갈 때 손바닥 끝 또는 손가락 끝이 공기와 접촉하지 않도록 한다. 손이 엉덩이를 쓸어갈 때는 손을 정확히 엉덩이 모양에 맞추어야 한다. 손을 가슴에서 팔로 옮겨갈 때는 손이 어깨를 지나갈 때 균일하고 부드럽게 감싸도록 손을 오므린다. 물이 흘러가면서 바위와 웅덩이 모양에 따라 그 모양을 바꾸는 모습을 생각하면 된다.

속도와 세기를 일정하게 유지한다. 떨림, 갑작스러운 움직임, 불필요한 중단과 재개를 없애도록 노력한다. 속도와 세기는 서서히 변화시켜서, 너무 갑자기 올리거나 늦추지 않도록 한다. 손을 가능하면 물 흐르듯 부드럽게 움직인다.

그렇다고 속도와 세기의 변화를 주저해서는 안 된다. 리듬은 마사지의 필수 요소이다. 꾸준한 움직임을 버리지 않고도 여러 속도와 세기를 적용할 수 있다. 마사지의 다양함은 음악의 다양함과 똑같다. 템포를 달리하면 리듬의 단조로움에서 벗어날 수 있다.

피술자의 신체 구조를 탐색하고 파악한다(이것은 감각에 관한 문제이며, 해부학과 는 완전히 다르다. 후자에 대해서는 책의 뒷부분을 참조한다). 손이 계속 질문하게 하고 피부 아래의 조직과 뼈를 '듣도록' 하라. 근육 깊은 층의 질감에 동화되어라.

두꺼운가, 얇은가? 탱탱한가, 느슨한가? 무형인가, 유형인가? 뼈를 느끼면 그
모양을 파악하도록 한다. 손으로 친구에게 말한다고 생각한다. "이건 네
엉덩이구나." "이 부분은 팔목을 이루는 작은 뼈로구나." "네 무릎은 이렇게
생겼구나." 피술자의 신체를 이러한 방식으로 설명하는 부분이 마사지의 가장
중요한 일면이다. 이것을 정교하게 할 줄 알수록 피술자의 기쁨은 깊어지고
마법과도 같은 정도로 커질 것이다.

압박을 가할 때 근육이 아닌 체중을 이용한다. 마사지를 하기 위해서 체력이 좋을
필요는 없다. 세기를 더하고 싶으면 팔과 팔목의 근육을 쓰지 말고 상체의 무게를
손 쪽으로 기울인다. 근육을 긴장시키면 손이 뻣뻣해지고 움직임의 흐름이 둔해지며
등이 피로해진다.

피술자의 몸에 접촉하면, 시술하는 마사지나 행하는 운동이 완전히 끝날 때까지
절대 멈춰서는 안 된다. 많은 사람들은 마사지를 받을 때 신체 접촉이 방해되면
심리적으로 약간 당황하게 된다. 오일을 더 발라야 할 때도 최소한 아래팔이나
팔꿈치로 피술자의 신체 일부를 계속 접촉하고 있어야 한다. 눈을 감고 가만히
누운 피술자는 접촉의 세계에 입장한 뒤다. 그 접촉의 세계는 실제 시술자 손의
접촉이다.

손이 아닌 몸 전체를 사용하여 마사지를 한다. 테이블 위에 올라가서 온몸을
피술자에게 문지르라는 뜻이 아니라 손의 움직임이 나머지 신체 부위로부터 오는
일상적인 움직임의 연장일 때 더욱 활기를 띤다는 말이다. 이때 신체의 움직임이
클 필요는 없다. 때로는 너무 미묘해서 옆에서 봤을 때 거의 알아차리기도 어렵다.
눈에 띄든 그렇지 않든 시술자 자신은 신체의 움직임이 더욱 정확한 손의 움직임을
이루는 일종의 핵심으로 존재한다고 느낄 수 있어야 한다. 신체 전체가 참여하는
춤을 추면 마사지를 더 잘 시술할 수 있다.

서거나 앉은 자세, 또는 무릎을 꿇은 자세에 주의한다.

테이블에서 시술할 때 가능한 한 무릎을 바깥으로 구부려 다리를 벌리고 등은 편 채 선다. 이 자세를 처음 해보면 어색하겠지만, 곧 좋은 점을 뚜렷이 알 수 있을 것이다. 다리를 벌리고 서면(두 걸음 정도, 필요하면 더 많이 벌린다) 체중을 한쪽 발에서 다른 쪽으로 싣기만 함으로써 몸 전체를 테이블 끝에서 끝까지 기울이기가 쉽다.

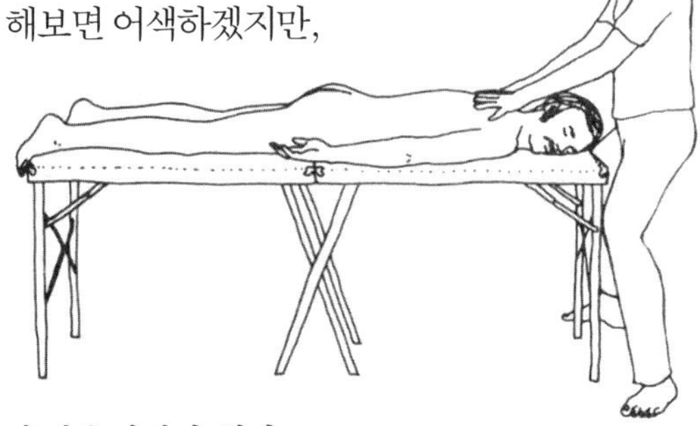

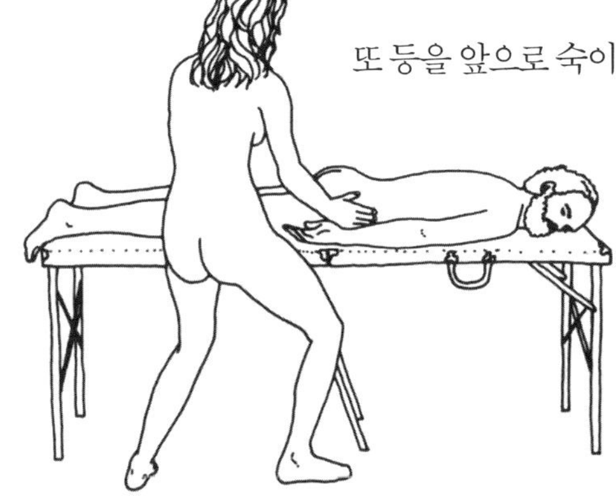

또 등을 앞으로 숙이지 않고 무릎을 구부려 몸을 낮추면 허리의 긴장과 피로를 방지할 수 있다. 그리고 허리를 굽히지 않고 시술하면 팔과 손의 움직임이 자유로워 조절과 이완이 더 잘 된다.

바닥에서 시술할 때 앉거나 무릎을 꿇는 방식은 시술을 받는 신체 부위, 사용하고자 하는 스트로크 등에 따라 많이 달라진다. 그러나 바닥에서 시술하면 등을 많이 구부려야 되고 따라서 쉽게 피로해지므로 시술 자세를 잘 자각하고 있어야 한다. 앉거나 무릎을 꿇을 때 가능하면 허리를 펴도록 한다. 또한 이미 강조했듯이, 피술자와 함께 시술자 자신도 패드를 깔고 있어야 한다. 다른 말로 해서, 시술자는 자신을 최대한 보살펴야 한다. 시술자의 편안함에 신경을 쓰면 손의 움직임에서 그 우아함과 정확도가 향상되어 피술자에게도 그대로 전달된다.

시술자는 자신이 마사지를 하는 사람이지 근육과 뼈로 이루어진 복잡한 기계가
아님을 항상 기억한다. 근육과 뼈로 이루어진 우리도 사람이다. 피술자는 피술자의
몸이고, 시술자는 시술자의 몸이다. 이것을 항상 염두에 두고 그 사실을 손에
자각하도록 한다. 이는 터치의 질에 직접적이고 중요한 영향을 미칠 것이다.

위에서 말한 의견을 더 구체적으로 논하기 위하여 한 가지 실험을 제시하려고 한다.
친구가 배를 대고 눕게 하고 등 전체에 오일을 바른다. 그 다음 양 손바닥을 피부에
닿도록 놓고 손을 움직여본다. 정통 마사지 스트로크를 구사하고 있는지 어떤지는
걱정하지 않도록 한다. 의도와 다를지라도 손을 친구의 신체 위아래로 움직이는
것이다. 어떻게 존재하는지, '바로 그곳에서' 손에 그러한 감각이 어떻게 느껴지는
지 탐구한다. 때로는 눈을 감았다가 뜬다. 위에서 언급한 것들을 수시로 실험해본다.
여러 세기와 속도로 움직여보고, 손이 자신에게 전달하는 대로 움직임의 내용도
달리해본다. 최대한 자발적으로 움직인다. 생각대로 손이 움직이게 내버려 둔다.
동시에 어떤 일이 일어나고 있는지 정확하게 알아차려야 한다.
이것을 5분, 10분, 기분이 좋은 만큼 행하되, 즐길 수 있는 데까지만 한다.
이 연습을 하고 싶을 때마다 한다. 연습할 때마다 새로운 가르침을 얻을 것이다.
이들은 기초이다. 기초가 있은 후에 '통달' 할 수 있다.

스트로크(stroke)에 관하여

마사지 기술의 핵심을 접할 시간이다. 이어지는 섹션에서는 대략 여든 가지의
마사지 스트로크에 관한 설명과 삽화를 소개한다. 그러나 들어가기에 앞서, 이
파트가 어떻게 구성되었는지, 스트로크를 어떻게 활용할지, 그리고 마사지를 한
번도 해보지 않았다면 마사지를 배우는 가장 나은 방법에 관한 몇 가지 필수 정보를
먼저 알리고자 한다.

스트로크를 소개하는 순서는 중요하지 않다. 스트로크 모두를 순서대로 시술한다면,
피술자의 전신 마사지를 완료하기까지 약 한 시간 반이 걸린다―머리에서부터
시작하여 신체의 앞면을 따라 발끝까지 시술하고, 다음으로 (피술자는 돌아누워)
신체의 뒷면에서 위쪽으로 진행하여 등에서 마무리되는 마사지이다. 또는 별표(*)가
있는 스트로크만 시술하고자 할 때, 동일한 신체 부위를 마사지하되 시간은
그보다 절반 가량 단축될 것이다. 그러나 실험을 많이 해볼수록 여러 스트로크를
가려내고 조합하면서도 똑같이 효과는 좋은 다른 방법을 많이 찾아낼 수 있을
것이다. 소개하는 스트로크들은 개인적인 마사지 스타일을 개발하는 기본이 된다.

별표(*)가 있는 스트로크들은 별표가 없는 것들보다 '더 낫다' 는 뜻이 아니다. 단지
빠른 마사지를 하고자 할 때 아래 소개한 것들 중 조합할 수 있는 스트로크들을
표시한 것이다.

소개되는 스트로크는 오른손잡이를 대상으로 했다. 즉, 선택할 수 있을 때는
왼손잡이보다 오른손잡이를 더 선호하기 때문이다. 시술자가 왼손잡이일 경우,
적절하다고 판단되는 경우에 오른손의 역할을 왼손으로 대체하면 된다.

또 마사지를 테이블에서 시술한다고 가정하고 기술했다. 따라서 "테이블의 발치

끝으로 간다" 등으로 표현했다. 그러나 바닥에서 시술해도 동작은 거의 모든 경우 동일하다. 바닥에서 시술할 때 스트로크를 달리 해야 하는 경우 대체해야 할 동작을 수록했다.

어떤 지점에서는 피술자의 팔, 다리, 머리를 들거나 움직여야 한다. 움직이거나 드는 것은 시술자가 직접 해야 하고, 피술자는 절대 도와서는 안 된다. 피술자가 도와주려고 하거나, 가끔 약간 뻣뻣하게 저항하는 경우도 있는데, 이 때에는 피술자의 주의를 환기시키고 움직여야 하는 팔이나 다리의 힘을 최대한 빼라고 부탁한다.

스트로크에서 다음 스트로크로 이행하는 과정이 그 스트로크의 일부인 것처럼 배워야 한다. 마사지에서는 스트로크를 개별적으로 분류하고 이 책에서도 그것을 따르기는 했지만, 임의의 구분일 뿐이다. 고유한 기법을 사용함으로써 최고의 마사지가 탄생하지만, 이 기법들을 연속적으로 흐르는 하나의 움직임으로 엮어 나갈 때만이 독창적이고 자연스러워진다. 손이 자연스러운 방법으로 한 스트로크에서 다른 스트로크로 이어질 때 손이 자연스러워야 한다. 피술자가 한 단계가 끝나고 다음 단계가 시작되었다고 정확히 구분하지 못해야 한다. 이상적인 마사지는 몸 전체에 걸쳐 분리되지 않는 하나의 스트로크를 적용했다고 받아들이는 것이다.

앞서도 언급했지만 마사지를 진행할 때 신체 접촉을 끊는 일은 가능하면 줄여야 한다. 마사지를 시작했으면 반드시 마사지가 끝날 때까지 적어도 한 손은 피술자와 계속 접촉해 있어야 한다.

마사지는 기본적으로 말을 해서는 안 되며 침묵 속에서 시술하는 것이 가장 좋다. 처음으로 기술을 터득하는 동안에는 당연히 시술 느낌이 어떤지 알아내기 위해 피술자에게 말을 걸어야 한다. 그러한 경우가 아니면 시술자의 모든 주의는 촉감에 머물러야 한다.

처음으로 마사지를 배운다면 올바른 방법으로 배우는 것이 중요하다. 이에 관해 몇 가지를 소개한다. 이 경험대로 하면 쉽고 빠르게 배우면서 큰 차이를 만들어낼 것이다.

먼저 경고할 것이 있다. 한 번에 너무 많이 배우려고 하지 말라. 한 번 공부할 때 여섯 개 이하의 스트로크면 충분하다. 처음에는 마사지가 매우 어려울 것이다.

그러나 시술자의 동작과 자세를 정확하게 배우게 되면서 곧 피로감이 많이 줄어들 것이다. 하지만 욕심을 과하게 부리지 말고 작은 것부터 시작하라!

마사지를 시작할 준비가 되었으면 실제 시도하기 전에 스트로크에 관한 설명 전체를 읽어본다. 한 번에 시술하고자 하는 스트로크를 사전에 한 번 더 읽으면 훨씬 도움이 될 것이다.

친구와 같이 어떤 스트로크를 시도하고자 한다면, 친구에게 어떤 느낌이 좋은지, 어떤 느낌이 나쁜지 등등 피드백을 최대한 달라고 요청한다. 어떤 느낌이 너무 가볍고 또 너무 무거운지, 어떻게 했을 때 너무 빠르거나 느린 것 같은지, 알고 싶은 무엇이든지 물어본다. 자주 묻고 친구에게 무엇을 느낄 때마다 말하도록 격려한다. 이런 정보는 매우 귀중한 지식이 될 것이다.

특히 다양한 강도로 실험을 해본다. 한 가지 스트로크를 가볍게도, 좀 더 세게도 해보고, 훨씬 강한 압박을 가해서도 해본다. 그리고 각 단계마다 피드백을 구한다.

스트로크를 처음 시술할 때 어설프거나 어색해도 걱정하지 말기 바란다. 보통 확인해보면 친구는 완전히 다른 느낌을 받고 있었을 것이다.

마지막으로, 기회가 있을 때마다 배우고자 하는 스트로크를 스스로에게 해본다.
자신의 몸에 직접 해야 스트로크가 어떤 '작용'을 하는지 깨달을 수 있다.
마사지를 배우는 가장 좋은 방법은 마사지를 배우려고 하는 다른 친구와 같이
배우는 것이다. 내가 몇 가지 스트로크를 한 번에 시도한 다음 친구가 나에게 또
그것을 시도할 수 있고, 그러면 둘 모두 곧바로 자신이 하는 마사지에 대하여
'진심으로' 이해하게 될 것이다.

즐거운 시간이 되시기를!

머리와 목

전신 마사지를 시술할 때 머리부터 시작하는 것이 가장 좋다.
앞서 말했듯이, 이 책에서 소개하는 신체의 각 부위를 이어나가는 순서는 대개
임의로 정한 것이다. 그리고 책 후반부에서 다른 순서에 관해 더 구체적으로 언급할
것이다. 또 상황에 따라 여러 순서 중 한 가지만 따라 해도 된다.
그러나 지금은 머리부터 시작하겠다.

머리부터 시작하는 가장 주된 이유는 머리에 하는 마사지가 가장 안전하면서도
훌륭한 마사지를 느낄 수 있는 가장 분명한 부위 중 한 곳이기 때문이다. 머리가 가장
안전한 이유는 접촉에 대한 긴장(우리 모두 약간은, 특히 마사지를 최초로 접할 때
이런 느낌을 배제할 수 없다)에 대해서 머리가―손, 발도 그렇다―문화적으로
금기시된다고 여기는 감정을 가장 적게 느끼는 신체에서 가장 먼 부위이기
때문이다. 그리고 분명한 부위인 이유는 사람을 식별할 때 사용하는 신체이기도
하고, 물리적으로는 가장 분리되어 있다고 여기는 신체 부위도 바로 머리이기
때문이다. 마사지를 통해서 머리가 신체의 일부임을 발견하게 되면 마치 잠에서
깨어난 것처럼 놀라운 느낌을 갖게 된다. 결론적으로, 마사지를 시작할 때 머리부터
시작하는 것이 피술자에게 더 깊고 섬세한 경험으로 안내하기 좋다는 것이다.

그러면 이제 시작해보자.

피술자의 정수리를 바라보도록 서거나 무릎을 꿇는다. 손가락에 약간의 오일을
묻힌다. 시작하기 전 얼굴에 오일을 펴 바르지 않는다. 얼굴 부위는 너무 작아서
오일이 거의 필요하지 않다. 손가락에 몇 방울만 묻혀도 마사지를 시작할 수 있다.
머리의 각 부위를 마사지할 수 있는 가장 자연스러운 순서는 얼굴부터 시작하는
것이다. 이마 맨 위쪽에서 시작하여 체계적으로 턱까지 내려간다. 그 다음 귀로,

목으로, 마지막으로 두피로 간다.

별표(*)가 있는 스트로크는 다른 스트로크보다 더 나음을 뜻하지 않는다. 짧은
마사지를 할 때 시술할 수 있는 스트로크임을 명심한다.

★ **1**   먼저 손바닥으로 피술자의 이마를 몇 분간 가볍게 감싼다. 이마를 손바닥 끝으로 덮고 손가락은 관자놀이까지 늘어뜨린다. 압박을 가하지는 않는다. 시술자가 적당하고 편안하다고 느껴지는 만큼 그대로 정지한다. 시간은 상관없다. 시술자 자신에게 정신을 집중한다. 피술자가 손길에 익숙해지도록 한다.

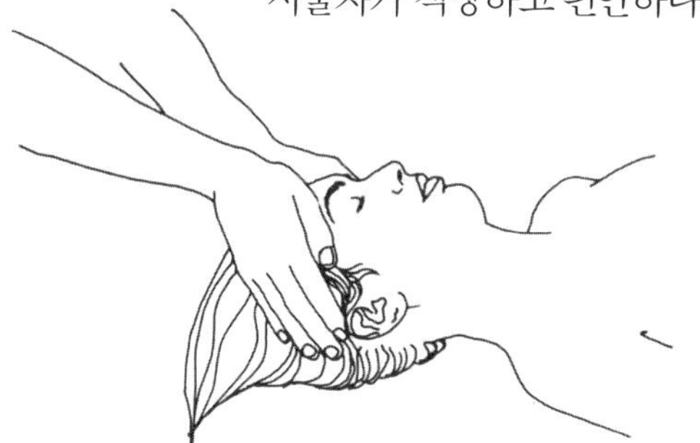

★ **2**   피술자의 이마를 엄지두덩으로 마사지하기 시작한다. 먼저 속으로 이마를 약 25mm 너비로 수평선을 긋는다. 그 다음 머리선 바로 아래의 이마 중앙에서부터 양 엄지를 한 번에 양쪽 바깥으로 맨 위쪽 수평선을 따라 그린다. 적당한 힘을 가한다. 관자놀이까지 그린 다음(관자놀이는 매우 민감한 부위이다), 엄지로 약 12mm 너비의 원을 그리면서 마무리한다. 엄지를 즉시 떼고 이마 중앙으로 간다. 그리고 다음 수평선을 따라 다시 엄지를 중앙에서 바깥쪽으로 그린다. 아래쪽으로 계속 진행하여 피술자의 눈썹 바로 위의 선까지 각 수평선을 차례로 그린다.

각 수평선을 그리고 나면 관자놀이에서 작은 원을 그리면서 마무리해야 한다— 엄격히 지켜야 할 필요가 없는 사항일 뿐이지만, 피술자는 그 마무리에 매우 '가벼워짐' 을 느낄 것이다.

★3 다음 스트로크는 안구 가장자리이다. 양
검지 끝으로 각 안구 가장자리의 코로

연결되는 뼈 부위를 누른다. 검지를 뗀 다음 안구 위쪽

가장자리를 따라 8mm 가량 이동하여 다시 누른다.

이곳의 지압은 부비강에 좋고, 대부분의 사람들이

이 부위를 지압할 때 문지르는 것보다 더 좋은

느낌을 받는다. 각 안구의 맨 가장자리(즉, 코에서 가장 먼 지점)에 도달할 때까지

이와 같은 방식으로 약 8mm씩 이동하여 누른다. 그 다음 코에서 가장 가까운

지점으로 돌아와 다시 시작하는데, 이번에는 안구의 아래쪽 가장자리를 따라

실시한다.

4 이제 안구 자체를 마사지한다.
마사지를 시작하기 전 피술자가

콘택트렌즈를 착용하지 않았는지 확인하고,

착용했다면 빼도록 요청한다.

엄지두덩으로 피술자의 감은 눈꺼풀을 일직선으로

가볍게 쓸어나간다. 코 바로 옆에서 시작하여

바깥으로 진행한다. 아주 천천히 해야 하며 엄지가

지나갈 때 안구가 미세하게 움직이는 것을 느낄 수

있을 정도의 최소한의 세기로 실시한다.

엄지를 같은 방향으로 쓸어나간 다음 떼서 시작 지점으로 돌아오기를 세 번

반복한다.

★**5** 이제 스트로크를 마지막으로 시작한 안구 가장자리 바로 아래의 코 양쪽에 양손의 검지와 중지 끝을 놓고 꼭 눌러 손가락 끝으로 광대뼈 아래쪽 가장자리를 둘러 볼을 지나 양쪽 귀까지 선을 그린다. 그런 다음 관자놀이로 올라가 마무리 원을 그린다.

광대뼈 아래쪽 가장자리를 잘 파악할 수 없을 때에는 코 끝과 일치하는 선까지 그리면 된다. 그러나 꽉 누르면서 스트로크의 느낌에 집중하면 손가락으로 진행할 지점을 찾는 데 어려움이 없을 것이다.

이 스트로크를 2회 이상 반복한다. 두 번째 시술 시에는 코 양쪽 바로 아래의 광대뼈 가장자리에 잠시 머물러도 된다. 손끝으로 작은 원을 그리면서 피부 밑의 근육을 마사지한다. 각 손가락 끝을 6mm 이하의 원으로 움직이면서 떼지 않고 세게 누른다. 꼭 누르되 서두르지 않는다. 이 미세한 부위는 얼굴에 긴장을 일으키는 중심 부위라서 정성을 더 들이면 그 효과는 오래 지속된다.

★**6** 얼굴의 아래쪽 절반을 이마에 했던 수평선 스트로크로 마무리한다.

먼저 양손의 검지와 중지를 사용한다. 손가락 끝을 얼굴 중앙인 코와 입 사이에 놓는다. 볼 위 바깥으로 스트로크를 한 다음 관자놀이로 올라가 예의 원을 그리면서 마무리한다.

이어서 입과 턱 끝 사이에서 동일한 방식으로 스트로크를 세 번 연달아 실시한다. 각 스트로크를 중앙에서 시작해서 관자놀이에서 마친다.

다음으로 턱 끝을 양손의 엄지와 검지로 가볍게 잡는다. 턱뼈 가장자리를 따라서

귀밑까지 간 다음 관자놀이에서 검지(원한다면 중지와
함께)로 마지막 작은 원을 그린다.

피술자가 턱수염이 있으면, 수염 위에서
강하게 동일한 스트로크를 실시한다.

이렇게 하면 얼굴 마사지는 완성된다. 이제 손가락을 부드럽게 귀로 옮긴다.

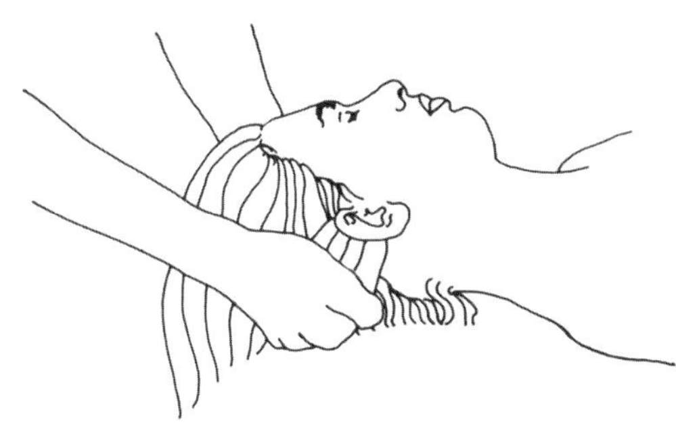

7 귀는 신체에서 가장 흥미로운 부위 중 하나로, 귀에서는 여러 방법으로 마사지를 할 수 있다.

판단에 따라 귀 전체나 일부를 시술한다. 처음 시술하는 경우에는 한 번에 한쪽 귀만을 마사지하도록 한다. 곧 별 어려움 없이 양쪽 귀를 다 시술할 수 있게 될 것이다.

먼저 손가락 끝을 귀 뒤의 머리 나머지 부위와 연결되는 지점에서 여러 번 위아래로 그린다. 부드럽게 정성들여 진행한다.

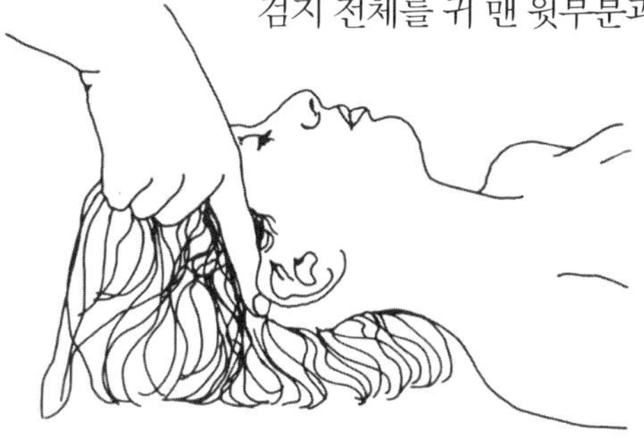

검지 전체를 귀 맨 윗부분과 바로 인접한 두피에서 앞뒤로 "V"자 형으로 여러 번 그린다. 그런 다음 귀 바깥 가장자리와 귓불을 엄지와 검지로 가볍게 꼬집는다. 귓불에서 바로 인접한 머리뼈로 진행하여 그 주위로 엄지와 검지를 약 8mm씩 꼬집으면서 움직인다.

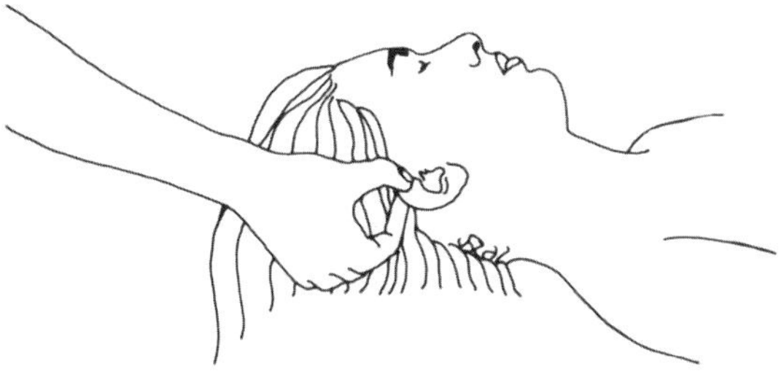

다음으로, 검지 끝으로 귀 안쪽의 굴곡을 가볍게
따라간다. 가장자리에서 안쪽으로 진행한다. 귀
안쪽으로 더 이상 진행되지 않을 때 멈춘다.
지금까지 한쪽 귀만 시술했다면 이제
다른 쪽에서 같은 과정을 실시한다.

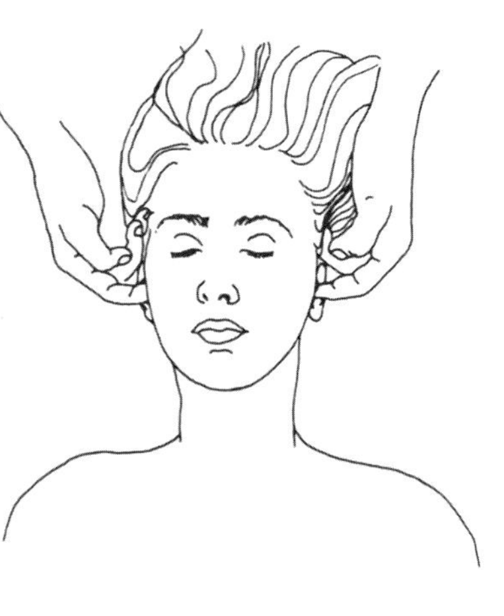

마지막으로, 결정적인 순간인데, 피술자에게
머릿속 소리를 들어보라고 말한다. 그 다음 아주
느리고 부드럽게 이동하여 양쪽 귓구멍을
검지손가락으로 막는다(양쪽 귀를 한 번에 막아야
한다. 한쪽만 막으면 아무 일도 일어나지 않는다).
약 15~30초 동안 그 상태를 유지한다. 어떤 사람은
무신경하지만, 많은 이들이 이 순간에 짧지만
기쁜 여행을 즐긴다.

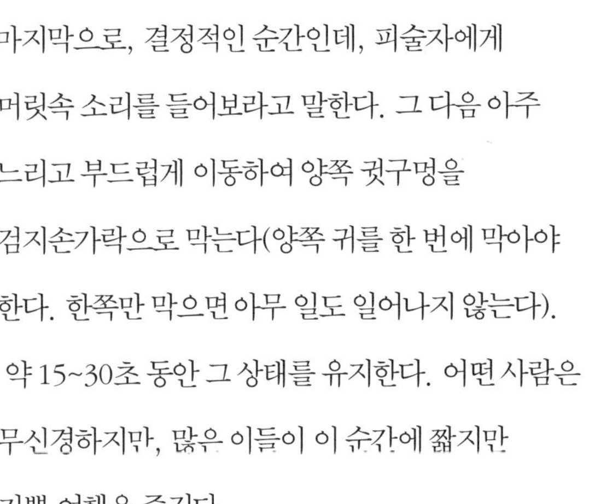

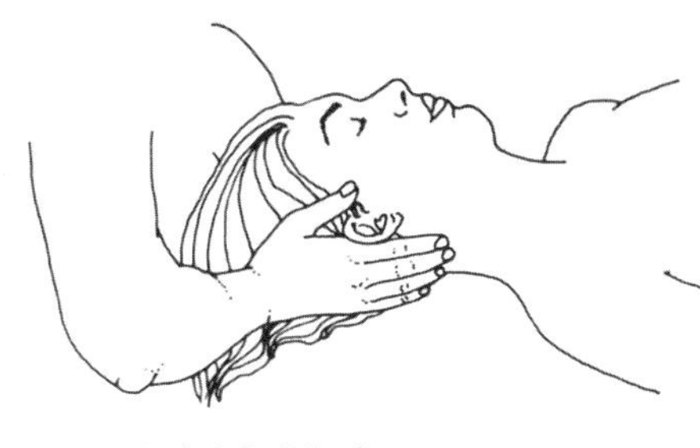

(측면에서 봤을 때)

8

다음 스트로크는 시술자가 이상해 하면서도 어색함을 느낄 것이다. 그러나 절대 안전한 스트로크이고, 피술자는 극도로 좋은 느낌을 얻는다.

피술자의 얼굴을 양 손바닥으로 가볍게 덮는다.

손바닥 끝은 이마에 있고 손가락 끝은 턱으로 간다. 손을 그 자리에서 잠시 휴식시킨다.

그런 다음 손이 귀를 지나 양손의 새끼 손가락이 테이블에 닿을 때까지 부드럽게 아래로 쓸어 내린다.

다음 양손을 서로 밀듯이 누르기 시작한다.

손은 귀 아래에 있어서 귀를 누르지 않아야 한다. 살짝 압박한 상태에서 최대한 힘이 가해지도록 팔꿈치를 양쪽으로 벌린다. 부드러운 세기로 시작해서 최대한의 세기에 다다랐다고 생각될 때까지(특히 힘이 센 사람이 아닌 한) 점차 강도를 높인다. 그런 다음 서서히 강도를 낮춘다.

압박을 풀고 난 후 다음 스트로크로 가기 전에 손을 그 자리에 둔 상태에서 몇 초 더 머무른다.

이제 목으로 갈 차례이다.

9 피술자의 목 아래에서 두 손바닥이 위를 보도록 손을 가져간다. 그런 다음 손가락을 약간 구부리고 손가락 끝으로 빠르게 목을 두드린다. 손등은 테이블에 대고 있어야 한다. 피아노를 치듯이 꽤 세게 두드린다. 목 아래위로 왔다 갔다 하면서 등까지 간다(그리 긴 거리가 아니다). 척추 부근의 편안하게 다다를 수 있는 지점까지 간다.

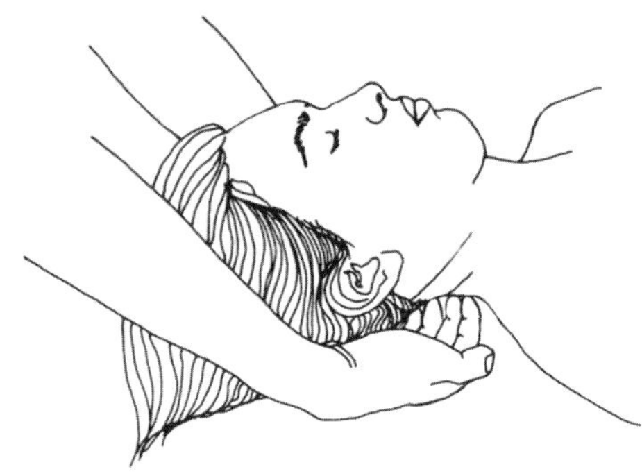

*★10** 다음으로 손을 피술자의 뒤통수에 놓고 부드럽게 약간 들어 올린다.
그러고 나서 왼손에 편하게 놓일 때까지 천천히 머리를 왼쪽으로

돌린다. 피술자가 저항하거나
'도와주려고' 하는 느낌이 들면
테이블에 떨어뜨리듯이 머리에
힘을 빼라고 요청한다. 이 과정
이후에도 피술자의 머리를 돌리는 데
문제가 있으면 머리를 부드럽게 몇
번 올렸다가 내린다.

이제 오른 손바닥 끝을 천천히
돌려 피술자의 어깨 윗부분에
대고 손가락은 어깨 측면, 어깨
아래, 그리고 등 위로
내려놓는다. 손가락을 계속 움직여 등
위쪽을 지나 척추 쪽으로, 그리고 척추에 닿기 전 목 뒤쪽까지 향한다.
목 뒤쪽에서 위로, 머리선이 시작되는 부근까지 이동한다. 그 다음 손을 약 90도
돌려 손가락이 더 위를 향하도록 한다(즉, 목과 직각을 이루도록 한다). 그런 후 좀
가볍게 압박한 후 다시 목 아래쪽으로 내려간다.
다음으로, 목 시작 부분에서 가슴 맨 위쪽을 지나 어깨로 직진한다. 거기서 멈추지
않고 동일한 스트로크를 다시 시작할 수
있다. 스트로크를 3~4번 반복한다.

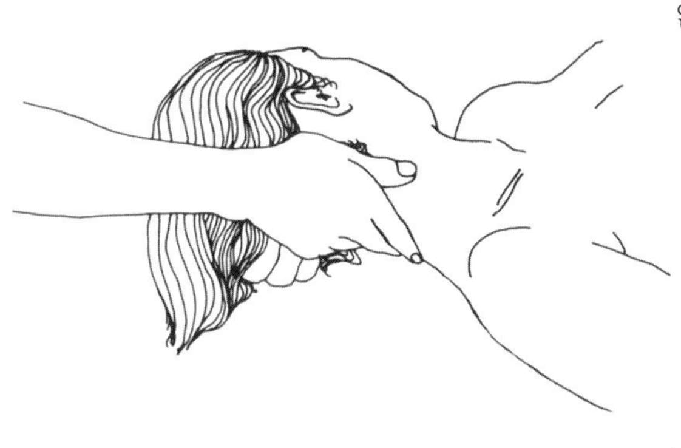

다음 두 번의 스트로크 역시 머리를
한쪽으로 돌린 상태에서 실시한다.
한쪽에서 세 번씩 한 다음 반대쪽으로
간다.

11

머리를 왼쪽으로 돌린 상태에서 오른 손가락을 목 뒤에서 25mm 정도의
원을 그리듯 움직인다. 세게 눌러야 한다. 목 뒤에서 머리선까지
이동한다. 그런 다음 좀 더 부드럽게
누르면서 목 아래쪽으로 원을 그리며
이동한다. 귀밑에서 쇄골까지 이동한다.
다시 한 번 반복한다.

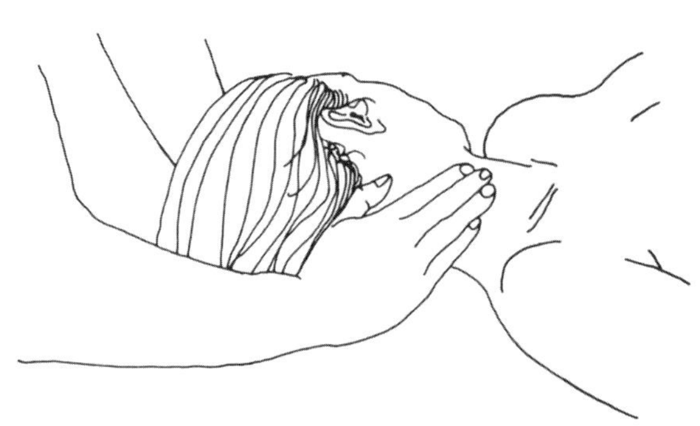

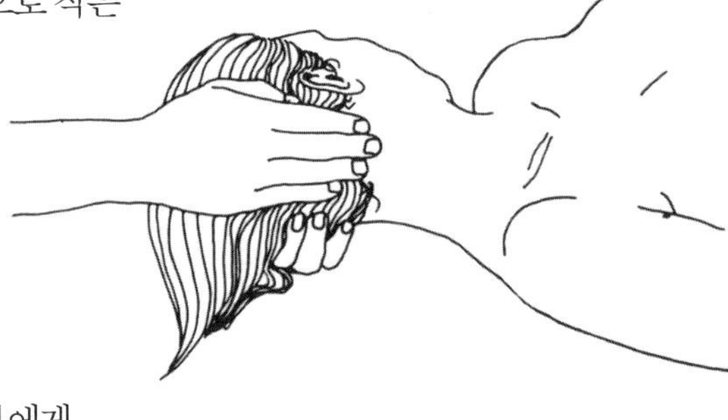

12

피술자의 머리를 왼쪽으로 돌린 상태에서 오른 손가락으로 목이
두개골과 이어지는 지점, 뼈가 솟아오른 부분을 찾는다.
그런 다음 뼈 바로 밑에서 손가락 끝으로 작은
원을 그린다. 목을 수평으로 가로
지르는 움푹 꺼진 부분을 느낄 수
있을 것이다. 이 꺼진 부분을
손가락 끝으로 따라간다.
맞는 지점을 찾지 못할 때에는 피술자에게
확인한다. 이 스트로크는 기분이 좋기 때문에 올바른 지점을 찾았을 때 피술자가
단번에 알 수 있다.

13 피술자의 머리를 최대한 많이 들어올리면서 마무리한다. 양손을 사용하고 매우 천천히 실시한다.

턱이 가슴에 닿을 때쯤 저항감을 느낄 것이다. 이 지점에 다다르면 잠시 머무른다. 그 다음 머리를 약 25mm 더 앞으로 부드럽게 민다. 머리를 동일한 지점으로 가져온 다음 1~2번 더 민다. 부드럽게 밀어서 충분하지 않으면 아예 밀지 않도록 한다.

다시 머리를 아래로 천천히 갖다 놓는다.

***14** 이제 남은 부분은 두피이다.

다시 머리를 들어올려서 왼쪽으로 돌린다. 오른손으로 갈고리 모양을 만들고, 머리 오른편을 손가락으로 마사지한다. 세게 누르면서 손으로 작은 원을 그린다. 손가락 끝으로 두피 표면을 그저 앞뒤로 문지르기보다 두피가 두개골에서 밀릴 만큼 세게 누르도록 한다. 두피의 오른편을 전체 마사지할 수 있도록 체계적으로 시술한다(예를 들어, 머리에서 몇 바퀴 위로 올라갔다가 아래로 내려온다).

왼쪽도 반복한다.

가슴과 배

오일을 가슴, 배, 몸통 측면, 그리고 어깨에 펴 바른다.

★1 가슴과 배는 메인 스트로크(main stroke)라고 부르는 마사지로 시작한다. 이것으로 신체의 넓은 면적을 빠르고 쉽게 커버할 수 있기 때문에, 마사지에서 가장 효과적인 스트로크 중 하나이다. 가슴과 배, 팔, 다리 앞면, 다리 뒷면, 그리고 등에 따라 약간의 변형도 가능하다.

피술자의 머리 위쪽에서 선다(바닥에서 시술할 경우, 머리 양쪽에 무릎을 대고 꿇는다). 손바닥이 가슴 중앙에 닿도록 손을 놓는다. 손바닥 끝이 쇄골 바로 아래에 오고 손가락이 발 쪽을 향하며, 엄지는 가볍게 서로 겹치도록 한다.

이제 양손을 천천히 앞으로 그린다. 가슴을 세게 누르고 배에서는 강도를 낮춘다. 아랫배에 이를 때까지 손을 모아서 진행한다. 아랫배에 다다르면 손을 떼서 양쪽으로 이동한다.

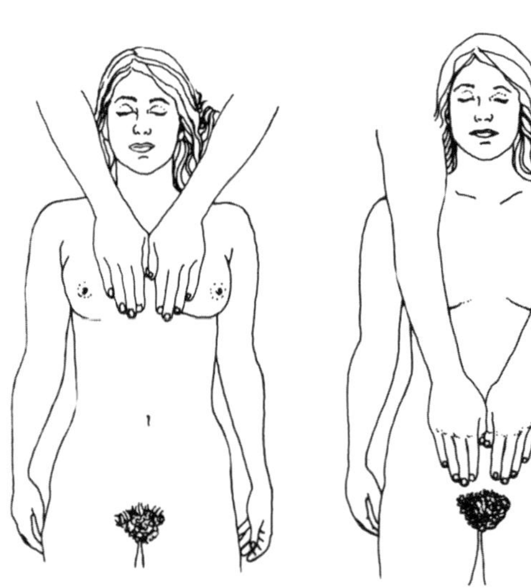

양손으로 엉덩이를 감싸면서 테이블 쪽으로 가져간다.

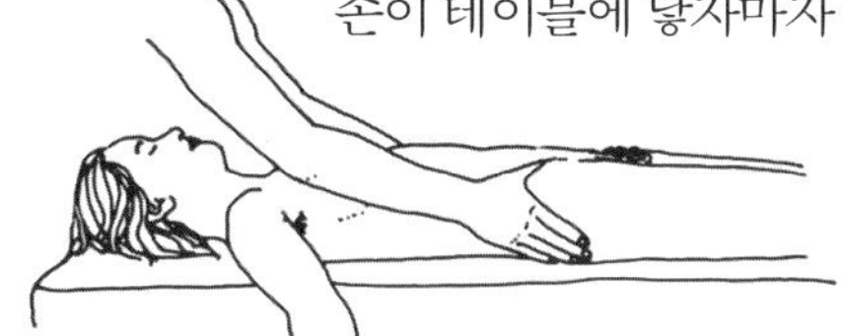

손이 테이블에 닿자마자 몸통 측면을 따라 어깨 쪽으로 가져온다. 힘을 줘서 강하게 당긴다. 이때 시술자가 느끼는 스트로크는 피술자를 테이블 아래로 어느 정도 끌어내리는 듯해야 한다.

겨드랑이에 다다르기 직전 손을 당겨—손바닥 끝을 맨 먼저 움직여야 한다—가슴 맨 윗부분으로 가져간다. 그 다음 손바닥 끝을 중심으로 손가락 끝을 가슴 측면에서 중앙으로 돌려 손을 회전시킨다. 손을 앞으로 그리면서 펴고 엄지도 같이 움직이면서, 여기서 움직임의 흐름을 깨지 않고 동일한 스트로크의 다음 회로 바로 진행할 수 있다.

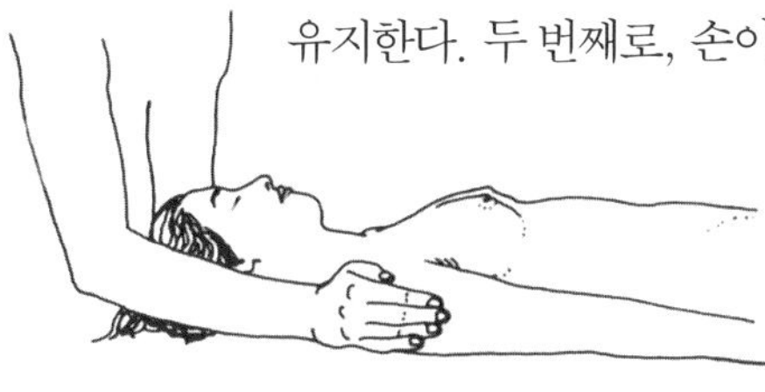

두 가지를 기억하면 이 스트로크를 올바르게 실시할 수 있다. 첫 번째로, 꾸준하게 해야 한다. 균일하고 확실한 속도를 유지한다. 두 번째로, 손이 지나가는 신체의 모양과 정확히 일치하도록 본뜬다. 마치 찰흙으로 신체를 본뜨듯이 손을 피술자의 체형에 맞춘다. 여기서 재미있는 변화를 줄 수도 있다. 손을 가슴 상부로 가져온 후 가슴 중앙을 향해서 돌리지 않고 어깨 양쪽으로 쓸어 내려간다. 어깨 아래에서 쉬지 말고 곧바로 등 상부로 손을 진행한다. 손가락은 테이블과 등 사이를 지나간다.

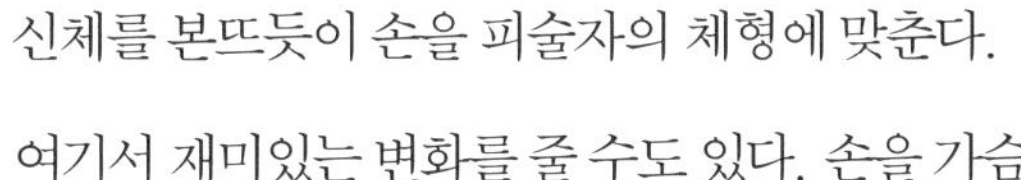

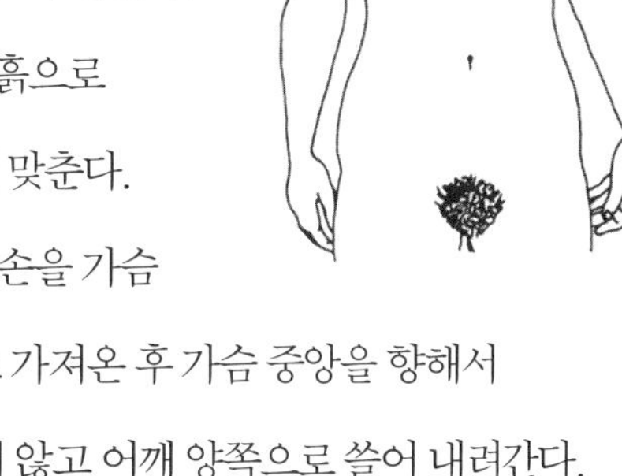

손가락이 척추 바로 옆—척추 바로 위에 있지 않고—까지 다다랐으면 승모근(목에서 어깨로 이어지는 근육) 위로 부드럽게 이동하여 다시 가슴 상부로 돌아온다.

또 다른 변화로, 이 기법은 훨씬 재미있다. 어깨

양쪽 아래로 내려가서 지난번처럼 등까지

이동한다. 마찬가지로 척추에 다다르기 직전에서

멈춘다. 그러나 이번에는 손을 가볍게 몸 뒤로

가져와서 머리와 테이블 표면 사이에 이른다.

손가락이 머리를 완전히 쓸어나갈 때까지 손을

시술자 자신에게로 계속 가져온다.

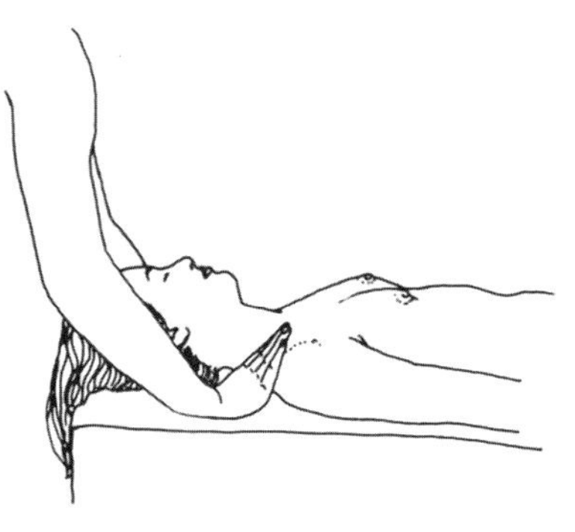

머리를 들지 말고 최대한 머리를 방해하지 않게끔 손등을 테이블에 댄 채로

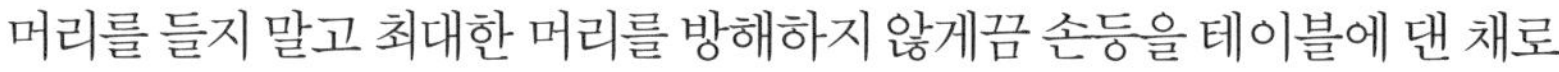

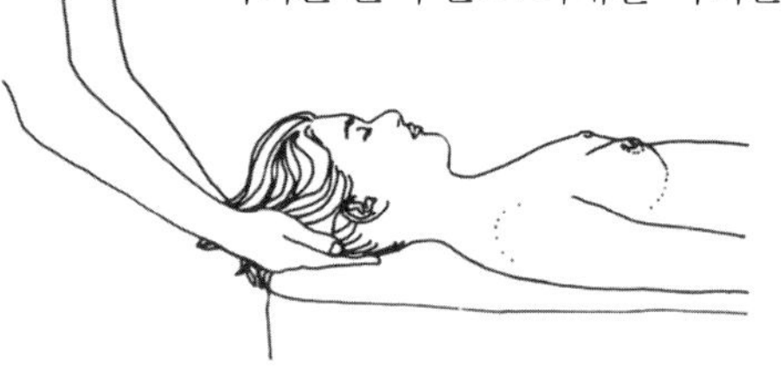

손을 아래에서 위로 그린다. 접촉이

끝났으면 손바닥을 즉시 피술자의

가슴으로 다시 가져간다.

가슴과 배에서 메인 스트로크를 3~6회

시술한다. 변형을 줘도 되고 주지 않아도 된다. 때때로 다른 스트로크를 진행하기

전에 가슴과 배에서 이 스트로크를 반복한다. 어떤 때는 신체의 다른 부위로

마사지를 진행한 후에도 다시 이 스트로크로 되돌아온다. 이처럼 메인 스트로크로

가끔 돌아와주면 마사지에 기분 좋은 통일감을 부여할 수 있다.

테이블 위에 누운 피술자와 시술자 모두에게 기본적인 주제가 반복되는 음악과도

같은 효과를 가져다 준다.

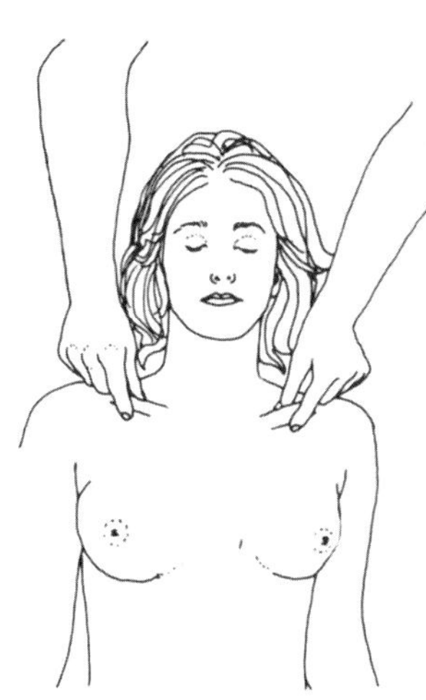

2 양손의 엄지 끝과 검지 끝으로 쇄골을 몇 번
따라간다. 엄지를 뼈 한쪽에 놓고 검지를
다른 쪽에 놓는다. 먼저 손을 서로를 향해서 가져가고
그 다음 반대쪽으로 나간다. 가볍게 누른다.

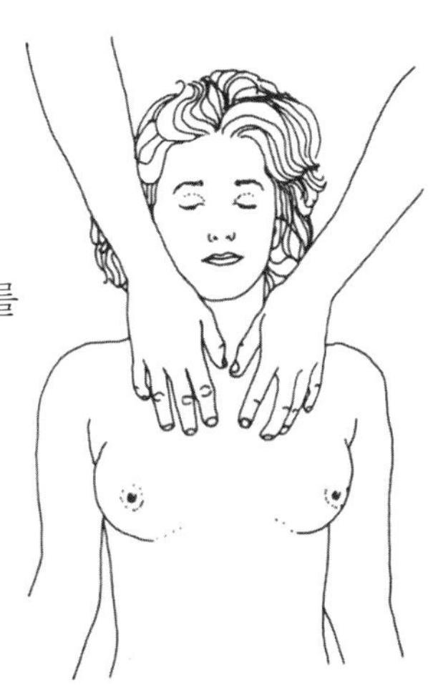

***3** 양 손끝으로 가슴 상부를 마사지한다.
손끝으로 작은 원을 그리면서 세게 누른다.
쇄골 옆에서 시작하여 체계적으로 가슴 상부 절반 전체를
커버하도록 진행한다. 여성의 경우 이 스트로크는
유방에서는 좋지 않은 느낌을 주므로 생략한다.

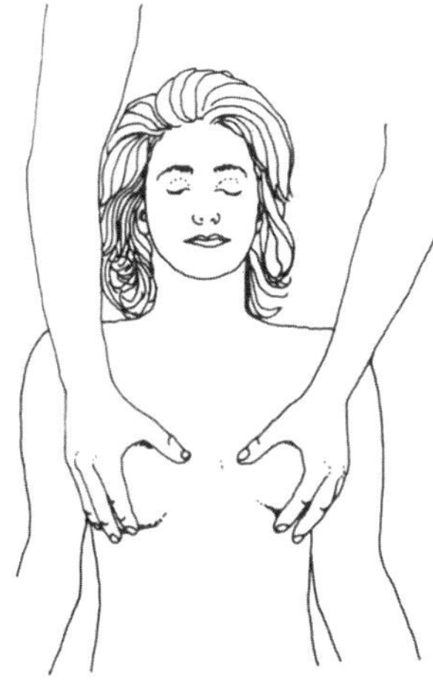

***4** 전문 마사지사는 보통 여성의 유방은
마사지하지 않는다. 대부분의 여성들은
그것이 내숭이면서도 위선적이라고 생각한다.
피술자가 여성인 경우 유방과 그 부위를 받치는 근육에
적합한 스트로크가 있다.
양손을 유방 위에서 덮는다. 유방을 매우 부드럽게,
수월하게 할 수 있는 만큼 오른쪽으로 세 바퀴 돌리고,
그 다음 왼쪽으로 세 바퀴 돌린다.

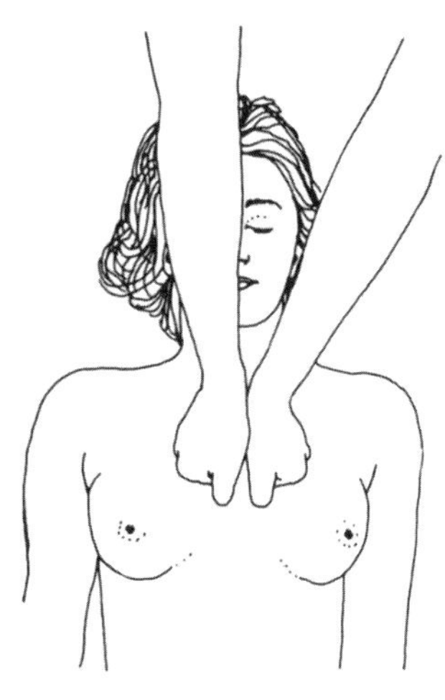

★5 이제 양손으로 주먹을 쥔다(손바닥으로 해도 좋다). 쇄골 바로 아래 가슴 중앙에서 시작하여 양 주먹의 관절로 가슴을 따라 내려가서 몸통 양쪽으로 테이블까지 나아간다. 가볍게 누르고 갈비뼈를 따라가도록 한다. 할 수 있으면 각 관절이 갈비뼈 사이사이를 그리도록 한다.

이 방식으로 흉곽 전체를 커버할 때까지 수평선을 연속으로 그린다. 위가 있는 부위에서는 정지한다.

가볍게 진행해야 함을 명심한다. 세게 하면 이 스트로크는 꽤 아플 것이다. 피술자가 여성인 경우, 흉곽 중앙에서는 유방 사이 갈비뼈 50mm 정도만 실시한다.

★6 이 스트로크는 풀링(pulling)이라고 하는데, 몸통 측면에서 실시한다.

테이블 한쪽으로 가서 피술자의 몸통 반대편으로 손을 뻗는다. 손가락을 일직선 아래로 향한 다음 테이블에서 위로 양손을 번갈아가면서 끌어올린다.

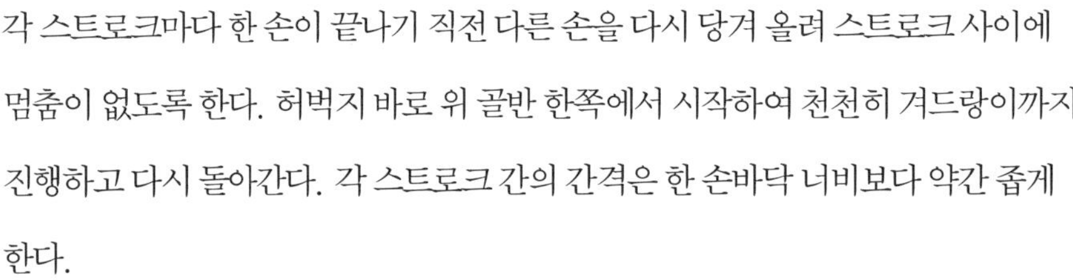

각 스트로크마다 한 손이 끝나기 직전 다른 손을 다시 당겨 올려 스트로크 사이에 멈춤이 없도록 한다. 허벅지 바로 위 골반 한쪽에서 시작하여 천천히 겨드랑이까지 진행하고 다시 돌아간다. 각 스트로크 간의 간격은 한 손바닥 너비보다 약간 좁게 한다.

한 번 올라갔다 내려오는 것만으로 충분하다. 테이블 반대쪽으로 가서 피술자의 반대쪽 측면을 반복한다.

★**7** 이제 배로 간다. 피술자의 오른쪽으로 이동한다. 이동할 때 신체에서 손을 놓아서는

안 된다.

배 부위에는 여러 장기가 있으므로

배에서 시술할 때 피술자는 무릎을 공중으로 세우면 제약이 덜하다—따라서 기분이

더 좋아진다. 다리 자세를 잡는 방법은 두 가지가 있다. 첫 번째는 피술자의 다리를

바른 자세로 놓고 피술자 스스로 균형을 잡도록 한다. 피술자의 발을 앞뒤로 약간씩

움직여봄으로써 다리가 거의 저절로 균형을 잡는 자연스러운 자세를 찾을 수 있을

것이다. 두 번째 방법은 다리를 올리고 베개를 반으로 접어서 다리 아래에 놓고

지지하도록 한다. 첫 번째 방법이 더 간단하게

쓰이는데, 마사지를 하는 도중에 베개를

가져오기가 번거로워서이다.

그러나 두 번째 방법은 피술자가

다리 자세를 유지하려고 약간의

에너지도 소비할 필요가 없다는

약간의 이점이 있다.

이제 피술자의 오른쪽에 서서

왼손바닥으로 천천히 배 전체를 감싸는

원을 그리기 시작한다. 시계방향으로 움직인다—이 부분이 아주 중요한데, 결장이

시계방향으로 돌기 때문이다. 원을 그릴 때 처음에는 갈비뼈 바로 아래를 지나고,

다음에는 몸통 왼편 약간 위의 옆구리로 간다. 그 다음 골반 뼈 바로 위를 지나고,

몸통 오른편 약간 위의 옆구리로 간다.

원을 다 그렸으면 오른손을 더한다. 왼손은 같은 방법으로 계속 움직인다.

아랫배에서 윗배로 지나온 후에는 오른손을 원의 절반만큼 골반 뼈를 따라

엉덩이에서 엉덩이까지 진행한다. 오른손이 오른쪽 엉덩이에 다다르자마자 손을

떼서 왼쪽 엉덩이 근처 공중으로 갖다 놓고 왼손이 또 한 번의 원을 다 그리고 난 후

동일한 초승달 움직임을 반복할 수 있도록 한다. 오른손이 실제 마사지를 할 때마다 왼손이 그린 원에서 왼손의 정반대 지점에 있도록 타이밍을 맞춘다.

왼손으로 여섯 바퀴를 연속으로 그리고 원을 그릴 때마다 오른손으로 원의 일부를 더할 수 있도록 시술한다.

8 이 스트로크는 처음에는 불편한데, 계속 하게 되면 설명하는 것보다 훨씬 쉬울 것이다.

오른 손등을 납작하게 피술자의 배 중앙에 붙인다. 손목을 90도로 꺾는다. 손끝은 시술자를 향하도록 하고 팔꿈치를 시술자의 몸 바깥으로 향하도록 하여 아래팔은 공중을 향해서 곧바로 서야 한다. 이제 손을 시계방향으로 돌린다. 사분의 일 바퀴 정도 돌렸을 때 손바닥이 닿도록 손을 부드럽게 뒤집는다. 이렇게 하려면 팔꿈치를 테이블 가까이 가져가야 한다. 계속 회전시키고 돌리되, 한 바퀴가 완성되면 손은 다시 손등이 배 위에 있고 팔꿈치는 손 바로 위에 올라와 있다. 여섯 바퀴 돌린다. 이 스트로크는 자연스럽고 꾸준하며 천천히 진행해야 한다. 배 위에서 헤매면 안 되고 중앙에서 제대로 돌려야 한다. 피술자의 무릎을 올린 상태라면 다리를 다시 테이블 위로 부드럽게 돌려놓는다.

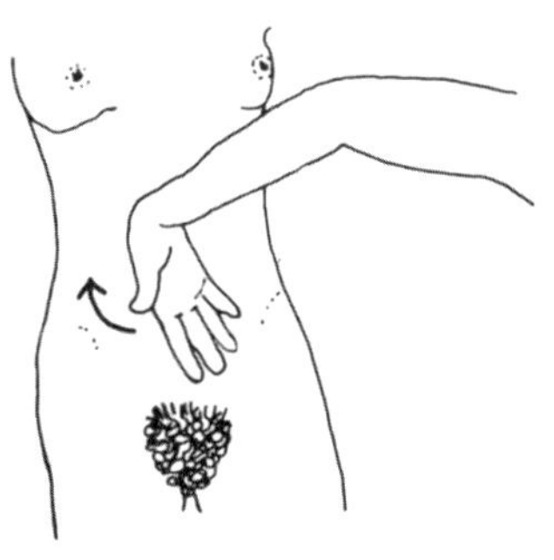

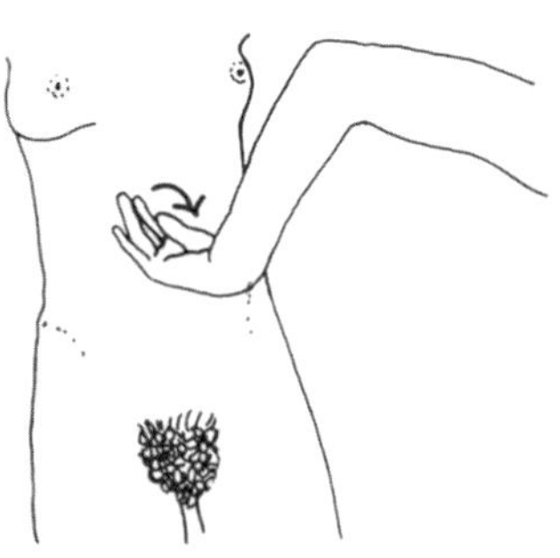

9 이제 허리선 부근의 몸통 양쪽을 주무른다.
주무르는 것은 어렵지 않다. 시술자의
반대편으로 손을 뻗는다. 각 스트로크
시에 엄지와 네 손가락으로 옆구리
살을 부드럽게 잡는다. 손으로 편하게
잡을 수 있는 만큼 많이 잡은 다음 손가락
사이로 천천히 빠져나가도록 놓는다. 스트로크를 할 때마다
손도 약간 움직인다. 왼손은 오른쪽으로, 오른손은
왼쪽으로 움직인다. 다른 손으로 시작했다면 한 손이 한
스트로크를 끝내기 직전에 다른 손으로
새로운 스트로크를 시작하면, 느리고
여유로우며 자연스러운 리듬에 따라
손이 움직이는 것을 경험하게 될 것이다.

이 방식으로 몇 번 시술하고 난 후 스트로크에 변화를 줄 수 있다. 주무르기를 간단한
스트로킹으로 변화를 주고, 손을 몸통을 따라 수평으로(즉, 테이블과 평행하게)
움직이지 않고 손가락을 피술자의 허리 지점에서 등 아래쪽으로 그리기 시작하여
손을 몸통 측면에서 배쪽으로 25~50mm 수직으로 끌어 올린다. 허리선을
따라가면서 손가락을 살짝 누른다. 각 스트로크를 좀 더 등 안쪽으로 들어가서
시작하고, 마지막 2~3회는 척추 바로 옆에서 실시한다.
첫 번째에서 두 번째 스트로크로 바꿀 때 갑작스럽게 변화를 주지 않도록 한다.
3~4회는 엉덩이에서 갈비뼈까지 수평으로 진행하고 돌아오고, 서서히 스트로크를
점점 수직으로 변화시켜 1~2회는 허리선을 따라 시술하여 마무리한다.
그 다음 테이블 반대편으로 가서 피술자의 반대쪽 몸통에 같은 스트로크를
반복한다.

10

마지막 단계인 이 스트로크는 사실 등 마사지인데, 이전 스트로크를 마친 직후 실시할 때 기분이 가장 좋다.

양손을 피술자의 등 아래에, 한 손은 허리선을 따라 등 한쪽에, 다른 손은 반대쪽에 놓는다. 손바닥은 위로 향하고, 손가락은 서로 마주본다. 손끝이 척추 양쪽에 닿도록 한다.

이제 손등을 테이블에 댄 상태에서 양 손가락 끝으로 척추 양쪽을 최대한 세게 누른다. 피술자의 몸이 공중으로 약간 들어올려질 정도로 세게 한다. 약 1초간 누른 다음 놓는다. 그리고 나서 다시 1초간 누르고 놓는다. 다시 반복한다. 세 번 정도를 하고 난 후 손끝을 누른 상태이지만 강도는 훨씬 약하게 하여 손을 등 밖으로 빼내고 다시 허리선을 따라 배 위로 가져간다. 이전 스트로크와 마찬가지로 손이 갈 때마다 허리선을 정확하게 그리도록 한다.

바닥에서 시술하는 경우에는 이 스트로크를 실시하면 된다. 테이블에서 실시할 때보다 더 편리하다. 손끝으로 척추 옆을 누른 후(또는 누르지 말고) 시술자가 피술자의 신체 위에 있도록 쪼그리고 앉은 다음 척추 뒤에서 양손으로 깍지를 낀다. 그리고 피술자의 신체 중심을 어느 정도 바닥에서 몇 번 들어 올린다. 그 다음 피술자를 다시 바닥에 내려놓으면서 손끝으로 약간 힘을 주어 허리선을 따라 그린다. 피술자에게 이 스트로크로 몸이 들어올려지는 느낌은 꽤 상쾌하다.

테이블에서 시술할 때는 이 변형 스트로크를 일부러 하지 않도록 한다. 테이블 한쪽에서 이 스트로크를 하려면 시술자의 등도 피곤해지고 정확히 시술하기도 어렵다.

이 스트로크의 어떤 버전을 사용하든 마무리를 하는 좋은 방법은 손가락 끝으로 허리선을 따라가서 배 중앙에서 손이 만나 마무리되는 것이다. 배를 지날 때는 더 가볍게 한다. 손이 만나면 다음으로 하고자 하는 스트로크로 이어지는 우아한 방법을 찾을 수 있을 것이다.

팔

피술자의 오른팔을 손바닥을 아래로 보게 하여 옆에 놓는다. 오일을 팔과 어깨에
펴 바른다.

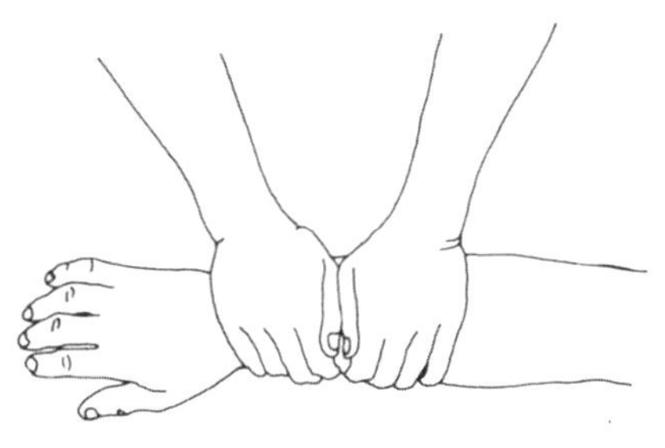

★ **1** 메인 스트로크의 변형으로 시작한다.
손바닥으로 피술자의 손목을 감싸서
양손이 손목 위와 옆을 모두 덮도록 한다.
엄지가 붙도록 손을 나란히 놓는다.
단단히 압박을 가하면서 양손을 팔 위쪽으로
진행한다. 팔 시작 부위에 다다랐을 때 모았던 손을 떼서 왼손을 어깨 상부로 보내고
오른손은 팔 안쪽 겨드랑이 근처로 보낸다.

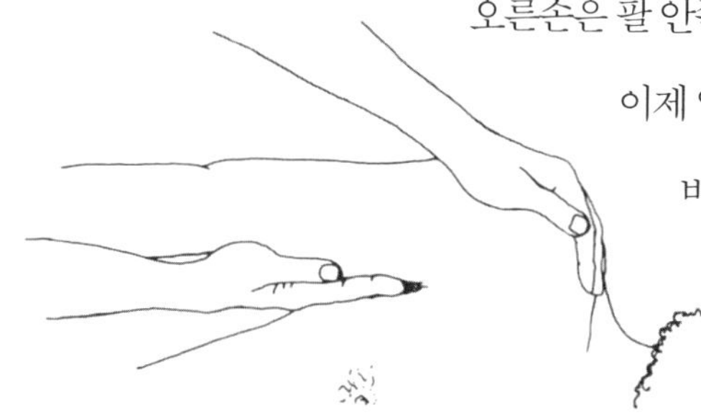

이제 양손을 다시 팔로 가져와서 왼손을
바깥쪽에서, 오른손을 안쪽에서 시작한다.
더 가볍게 힘을 준다. 손목에 이르면
두 가지 방법 중 하나를 택한다. 하나는
왼손을 손목 위로 가져오기만 하여 양손이
같은 스트로크를 다시 시작할 수 있는 위치로 만드는 것이다.

다른 하나는 동작을 좀 더 크게 하고 싶을
때 사용하면 되는데, 양손을 피술자의
손끝까지 진행하여 손가락 끝에서
마무리하는 것이다. 오른손은 손등을
그리고 왼손은 손바닥을 그린다.

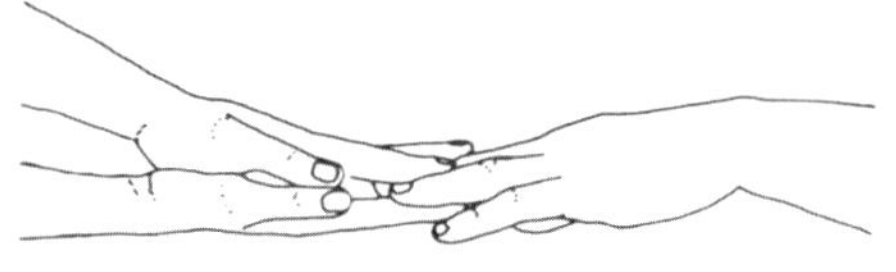

손에서는 힘을 더 빼고 손가락 끝을 떠날 때는 특히 섬세하고 정교하게 한다. 그
후에는 곧바로 양손을 다음 스트로크를 시작할 자리로 가져가서 피술자가 접촉의
중단을 최소한으로 느끼도록 한다.

★2 이 스트로크는 드레이닝(draining)이라고 한다.

피술자의 팔꿈치는 테이블에 붙인 채로 아래팔을 들어 올린다. 그리고 나서 피술자의 손목 둘레에 양손 엄지와 검지로 고리를 만든다. 손을 기울여서 손목을 잡았을 때 손바닥이 위를 향하게 한다. 두 엄지가 서로 맞닿게 엄지를 손목에 붙인다.

이제 엄지와 검지로 가볍게 쥐고 양손을 천천히 아래팔을 따라, 마치 '짜내듯이(draining)' 내려간다. 팔꿈치의 꺾이는 부분에 다다르면 엄지와 검지를 피부에 접촉한 채로 양손을 다시 위로 그려 올라오되 이번에는 전혀 힘을 가하지 않는다. 이 순서를 몇 번 반복한다.

내려갈 때는 힘을 주고 올라올 때는 힘을 빼는 이유는 정맥 때문이다. 정맥은 동맥과 달리 피부 바로 아래를 지나는데, 외부 압력에 더 즉각적인 영향을 받는다. 그래서 우리는 전통 기법과 마찬가지로 '마사지를 심장 쪽으로' 하면서 정맥을 지나는 혈류를 좀 더 심장 쪽으로 보내는 것이다. 그 외 설명하는 많은 스트로크도 이러한 전통 기법과 크게 다르지 않다. 그러나 아래팔을 드레이닝할 때는 약간의 실험을 하면 곧 확신이 생길 것이다. 아래로 갈 때 압박을 가하면—그리고 올라올 때는 힘을 주지 않을 때 피술자가 가장 좋은 느낌을 가질 것이다.

★**3** 피술자의 아래팔을 계속 세운 상태로 유지한다.
양 손가락을 피술자의 손목 뒤쪽에 받치고 팔목 안쪽에서 엄지두덩으로
마사지를 시작한다. 엄지를 교대로 사용하여 아래로, 그리고 손목의 양 측면으로
스트로크를 보낸다. 서서히 손을 아래로
이동하여 아래팔을 감싸는 모든 근육을
마사지하도록 한다.

4 팔꿈치를 지나는 간단한 기법이다.
먼저, 피술자의 아래팔을 계속 올린
상태에서 한 손으로 주먹을 느슨하게 쥐고
(손바닥으로 해도 좋다) 팔의 꺾인 부분—
팔꿈치 안쪽 부분—을 가볍게 마사지한다. 이곳은
연약한 부위이므로 부드럽게 시술한다.
다음으로, 위팔을 테이블 위로 약간 들어 올려 엄지
끝과 다른 손 손가락을 이용해서 팔꿈치
관절을 마사지한다. 팔꿈치 전체에 작은 원을
그리면서 진행한다.

*5　이제 위팔에서 2번과 3번 스트로크를 반복한다.
단, 위팔을 계속 수직으로 들어올린 상태로
두는 게 문제가 될 것이다. 한 가지 방법은 피술자의
손을 왼쪽 어깨에 놓고 뺨으로 손바닥을 누른다.
바이올린을 고정하는 자세와 같다.
두 번째 방법은 아래팔이 피술자의 몸을 지나도록
팔을 늘어뜨려 굽히는 것이다. 이 자세를 적용할 때

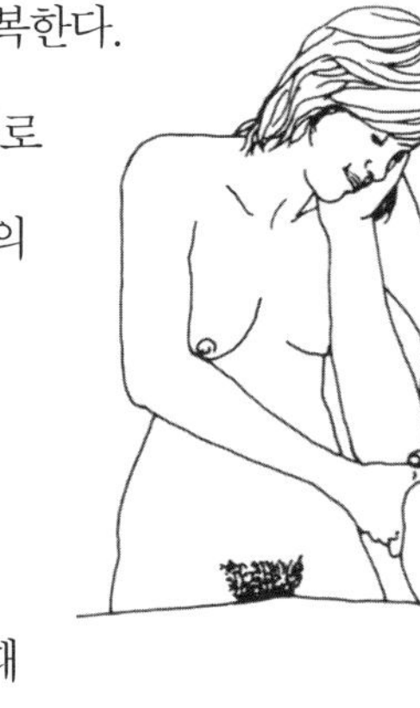

위팔을 시술하는 동안 아래팔이
피술자의 턱을 치지 않도록 주의한다. 이 두 자세
중 한 가지를 택한 후 먼저 위팔을 드레이닝하고
다음으로 드러난 근육을 아래팔에 시술한 것처럼
엄지로 마사지한다.

6　다음으로 팔 전체를 수직으로 편다. 왼손으로
손목을 잡고, 오른손으로 팔꿈치를 수평으로
밀어 팔이 굽혀지지 않도록 한다. 이제 팔을 곧게
수직으로 유지하면서 팔을 가볍게 위아래로
제자리에서 흔든다. 아래로 누른 다음 곧바로 힘을
빼는 과정을 여섯 번 정도 빠르게 연속한다.

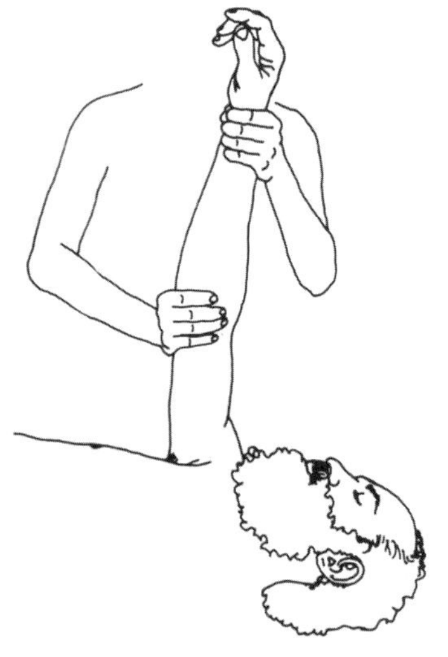

7 피술자의 팔은 여전히 곧게 수직을 향한 상태이다. 이제 양쪽으로 흔든다.

오른손으로 손목을 잡고 왼손으로 팔꿈치를 받친 상태에서 팔을 먼저
오른쪽으로(즉, 피술자의 엉덩이 쪽으로)
낮춘다. 그 다음 가볍게 팔을 위로 보내
왼쪽으로 젖힌다. 손은 계속 접촉을 하고
있어야 한다. 팔이 왼쪽으로(즉,
피술자의 머리 위로) 떨어지기 시작하자마자
손을 바꾸어 왼손을 손목 쪽으로 올리고 오른손을 팔꿈치
쪽으로 내린다. 왼손으로 팔이 떨어지는 것을 막는 것이다. 팔을 테이블
쪽으로 거의 떨어뜨린 다음 다시 오른쪽으로 젖힌다.
이때 손을 다시 바꾸면 전체 과정을 다시 반복할
준비가 된 것이다.
피술자의 팔이 뻣뻣하고 자연스럽고 쉽게
떨어지지 않는다고 느끼면 피술자에게
팔이 가는 대로 놔두라고 요청한다.
팔을 세 번 앞뒤로 젖힌다.

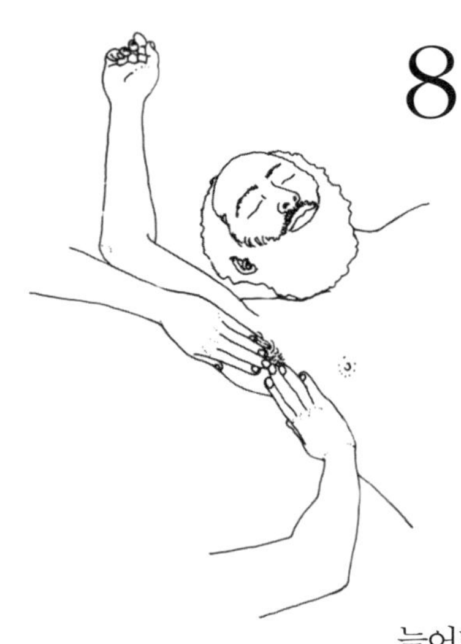

8 팔 마사지의 마지막 단계는 몰리 데이 섀크먼(Molly Day Schackman)이 널리 퍼뜨린, 기분 좋은 스트로크이다.

오른팔을 한 번 더 왼쪽으로 젖히고(다른 순서를 따르고 있었다면 이전 스트로크를 참조한다) 잡는다.

그런 다음 편안히 놓고 테이블 위의 위팔을 머리 옆에, 아래팔의 일부를 허공에 늘어뜨린다. 손가락이 마주보도록 양 손바닥을 피술자의 겨드랑이 부위에 가볍게 놓는다.

이제 양손을 양 바깥으로 펴 나간다. 손바닥 끝을 따라가는 것이다. 가벼운 힘으로 시작한다. 오른손을 몸통의 측면 아래로 보내고 왼손은 위팔을 따라간다.

겨드랑이를 지나자마자 두 손을 돌려 테이블에서 수직이 되도록 한다. 손을 돌릴 때 양손이 같은 속도로 멀어져야 한다. 그와 동시에 왼손으로 손가락이 팔 위쪽을 감싸고 엄지가 팔 아래를 감싸도록 팔을 가볍게 잡고, 오른손을 약간 굽혀 손바닥 전체로 몸통 측면을 압박하면서 지나간다.

손을 바깥으로 펴 나갈 때 양손은 이 자세를 유지한다. 압박을 조금씩 더 가한다. 오른손이 피술자의 엉덩이에 다다르고 왼손이 손목에 다다르면 중지한다.

이제 양손을 그 자리에 두고 좀 더 세게 잡고 팔과 엉덩이를 양쪽으로 늘인다. 이 상태를 1초 정도 유지한 다음 잠깐 접촉을 떼어 재빨리 손을 다시 피술자의 겨드랑이로 가져간다.

전 스트로크를 한 번 더 반복한다. 두 번째 접촉을 중단했을 때, 양손을 팔로 가져가서 피술자의 몸 옆에 팔을 다시 놓는다.

오른팔과 오른손 모두 마사지한 다음 왼팔과 왼손으로 간다. 피술자의 오른팔을 끝마쳤으면 왼팔로 진행하기 전 손에 관한 다음 섹션으로 진행해도 된다.

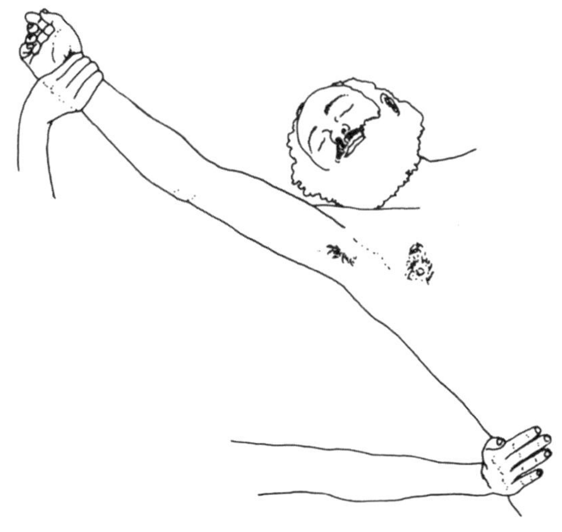

오른팔과 오른손 모두 마사지한 다음 왼팔과 왼손으로 간다. 피술자의 오른팔을 끝마쳤으면 왼팔로 진행하기 전 손에 관한 다음 섹션으로 진행해도 된다.

손

손은 오일이 거의 필요하지 않다. 팔을 마사지하고 손에 오일이 남아 있다면
그것으로 충분히 마사지를 할 수 있다.

1 먼저 피술자의 손을 시술자의 왼손바닥 위에 놓는다. 오른손으로 주먹을 쥐고(손바닥으로 해도 좋다) 손가락 관절로 손바닥을 마사지한다. 관절을 12~25mm 너비의 원형으로 움직인다. 힘을 세게 준다. 손가락으로 이동하지 말고 손바닥 전체를 커버한다.

★2 다음으로 엄지 끝을 사용하여 같은 부위를 시술한다. 손등을 손가락으로 잡고 엄지로 손바닥을 세게 누르면서 똑같이 작은 원을 그린다. 단, 이번에는 손바닥 끝까지 진행하고 힘을 약간 빼서 25mm 정도 손목 안쪽 부위까지 나아간다.

좀 더 정성을 들이고 싶다면, 이 스트로크를
손바닥에 해본다(손목까지는 가면 안 된다).
피술자의 손바닥이 위를 향하게 한다.
왼손 새끼손가락을 검지와 중지 사이에
넣고, 왼손의 약지와 중지를 검지와 엄지
사이에 넣는다. 그리고 왼손 검지를
피술자의 엄지 반대편으로 가도록 잡는다.
이와 동시에 오른손 새끼손가락은 피술자의
중지와 약지 사이에 끼우고, 오른손 약지는
약지와 새끼손가락 사이에 끼운다. 그리고
오른손 중지와 검지가 피술자의 새끼손가락

반대편으로 가도록 잡는다.

이제 손가락 모두를 피술자의 손등 위로
최대한 민다. 그런 다음 손가락을 손등 쪽으로
세게 민다. 정확하게 시술하고 있다면 피술자의 손가락이
뒤로 젖혀지고 손바닥 전체가 북처럼 팽팽히 펴질 것이다.
다음으로, 피술자의 손가락을 뒤로 젖힌 상태에서 엄지 끝으로
손바닥 마사지를 시작한다. 세게 누르면서 구석구석 인내심 있게
진행한다. 최초로 이 스트로크를 완료하고 나면 특별히 공을 들인 보람을 느끼게 될
것이다.

★**3** 이제 엄지 끝으로 손등을 마사지한다.
철저히 진행해야 한다. 손목 위 25mm
지점까지 가서는 엄지가 느낄 수 있는 모든 미세한
뼈에 특히 집중한다.

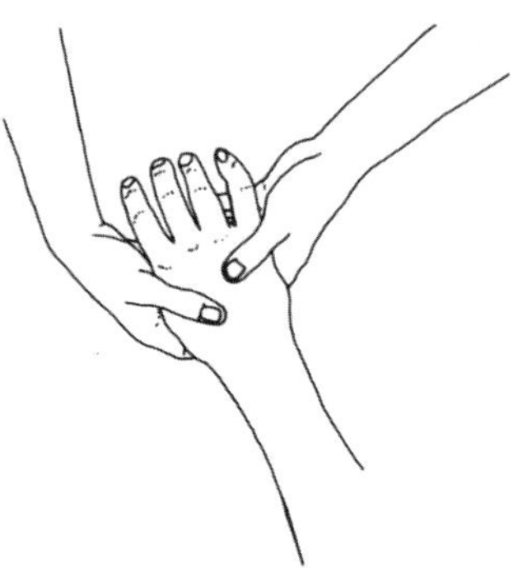

4 이 스트로크에서는 약간의 해부학적
안내를 따라야 한다.
왼손으로 피술자의 손바닥을 아래로 잡고 손등을 잠시
연구한다. 솟아오른 얇은 뼈를 느낀다. 피부 표면 바로 아래를
지나고 손목 시작 부위에서부터 나타나 각 손가락 첫 번째
관절까지 이어진다. 사실 이들은 손가락을 이완시키는
힘줄이다(힘줄을 찾기 힘들면 자신의 손가락을 폈다
오므리면서 손등을 관찰한다. 손가락을 펴면 힘줄이 올라와서 구별하기 쉬울
것이다).

이제, 이 힘줄이 산마루이고 그 사이의 공간을 계곡이라고 생각하면서 천천히 엄지
끝으로 차례로 계곡을 따라 그린다. 손목 시작 부위에서 손가락 사이의 얇은 살까지
차례로 진행한다. 피술자가 각 계곡을 완벽히 분간해서 느낄 수 있을 정도로 충분히
압박을 가한다. 단, 손가락 사이의 살에 다다랐을 때는 힘을 빼야 한다. 한 번에 한
계곡씩 시술하는데, 오른손 엄지로 손에서 가장 가까운 오른쪽 계곡을 두 곳, 왼손
엄지로 왼쪽 계곡을 두 곳 맡는다.

여기서 동기가 많이 부여된다면, 엄지가 손가락 사이 살에 이르렀을 때 작업을 더 할
수 있다. 엄지로 손가락 사이 살의 위를 누르기 시작하고 검지로 살 아래를 누른다.
이렇게 피부를 부드럽게 꼬집듯이 하여 엄지와 검지를 살 밖으로 빼낸다. 훨씬
기분 좋은 스트로크가 된다.

5 처음에는 조금 어렵지만 요령만 익히면 이 스트로크는 꽤 간단한 기술이다.

피술자의 손바닥을 아래로 하여 양손으로 손을 잡는다. 손바닥 끝으로 피술자의 손등 중앙을 누르고, 손가락 끝으로 손바닥을 압박한다. 손바닥 끝이 서로 맞닿고, 양손 손가락 역시 서로 맞닿는다. 이제 손가락 끝을 위로, 손바닥 끝을

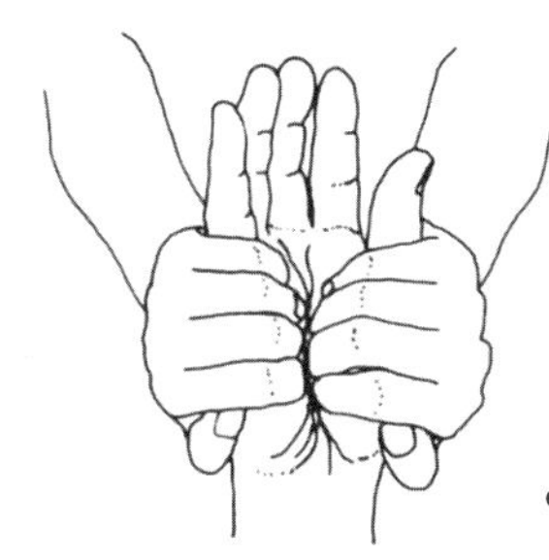

아래로 매우 세게 누른다. 동시에 매우 천천히 손바닥 끝을 손등 중앙에서 양 바깥으로 빼내기 시작한다. 손바닥 끝이 피술자의 손 끝에 다다랐을 때 멈춘다.

이 스트로크를 3회 실시한다.

★6 이제 손가락을 마사지한다.

피술자의 손바닥을 아래로 하여 왼손으로 잡는다. 엄지와 검지로 피술자의 엄지가 손바닥으로 연결되는 부위를 가볍게 잡는다. 이제 엄지와 검지로 동시에 코르크 마개를 뽑듯이 피술자의 엄지를 시작 부위에서 끝까지 빼낸다. 이때 엄지를 약간 당긴다. 엄지 끝이 허공에 떨어질 때 중지한다. 같은 방법으로 나머지 손가락도 각각 실시한다.

 손 마사지를 마무리하는 좋은 방법이다.

피술자의 손을 양손 사이에 넣어 잠시 잡는다. 피부가 최대한 많이 접촉되도록 한다. 시술자는 고요히 내면으로 들어가 호흡에 집중한다. 그런 다음 주의를 다시 피술자의 손으로 돌리고 시술자의 호흡 에너지가 손에서 피술자의 손으로 전달되도록 한다.

이 시간은 길게 잡지 않아도 된다—30초가 괜찮다. 그러면 시술자는 자신이 환기되고 피술자는 다음 단계에 자신을 좀 더 열었음을 알아차리게 될 것이다.

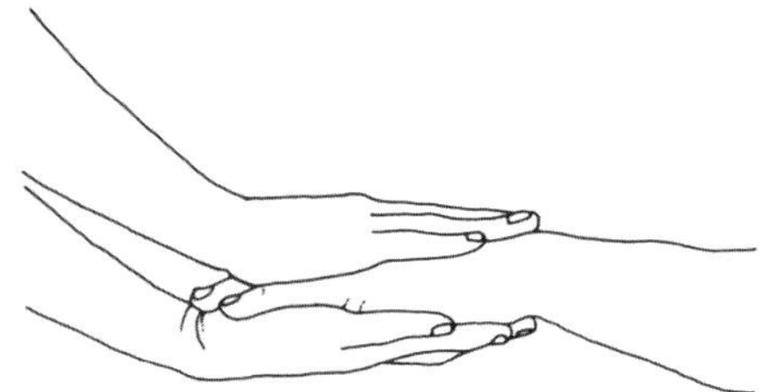

다리 앞부분

피술자의 발이 붙어 있는지 떨어져 있는지 확인한다. 오일을 오른쪽 다리 앞면과 옆면 전체에 펴 바른다.

★**1** 다리에 시술하는 메인 스트로크는 정확한 자리에서 서거나 무릎을 꿇는 것이 중요하다. 테이블에서 시술하고 있다면, 피술자의 오른쪽 아랫다리 근처에 서고 몸은 테이블 반대쪽 끝을 향하여 45도 돌린다. 즉, 몸이 대강 피술자의 골반 부위를 향하는 것이다. 체중을 오른발에 싣고 왼발을 테이블 머리 쪽으로 600mm 정도 내딛는다.

바닥에서 시술할 경우 피술자의 아랫다리 옆에 무릎을 꿇고 앉는다. 몸의 방향은 피술자의 머리를 향하고, 무릎은 피술자의 무릎과 거의 평행하게 꿇는다.

이제 오른손을 손가락 끝이 테이블을 향하도록 피술자의 발목에 놓는다. 왼손은 손가락 끝이 테이블 반대편을 향하도록 오른손 앞에 놓는다(왼쪽 다리를 시술하고 있을 경우 오른손이 왼손 앞으로 온다). 손가락과 같이 양손을 오므린다. 왼손 엄지는 오른손 새끼손가락 옆에 놓는다.

양손을 다리 한쪽 끝에서 다른 쪽 끝까지 진행한다. 이동은 느리고 꾸준하게 해야 한다. 무릎을 지날 때는 힘을 약간 빼되 나머지 부위에서는 힘을 세게 가한다. 몸을 다리 위로 약간 기울여서 체중으로 자연스럽게 시술하는 것이 근육을 사용하는 것보다 훨씬 쉬울 것이다. 서 있을 경우, 움직일 때 체중을 오른발에서 왼발로 이동시킨다. 무릎을 꿇고 있을 경우, 원한다면 몸을 약간 일으켜서 앞으로 기울여 상체가 최대한 손 바로 위에 오도록 한다.

이 스트로크에서 가장 까다로운 부분은 피술자의 다리 시작 부분에 이르렀을 때이다. 여기서는 손을 나누어서 다른 방향으로 뺀다. 손끝이 골반 뼈에 닿을 때까지 왼손은 계속 위로 진행한다. 그 다음 엉덩이 선을 따라 테이블 아래로 간다. 그러는 동안 손가락 끝에 힘을 좀 더 주면서 뼈의 곡선을 따라 그린다.

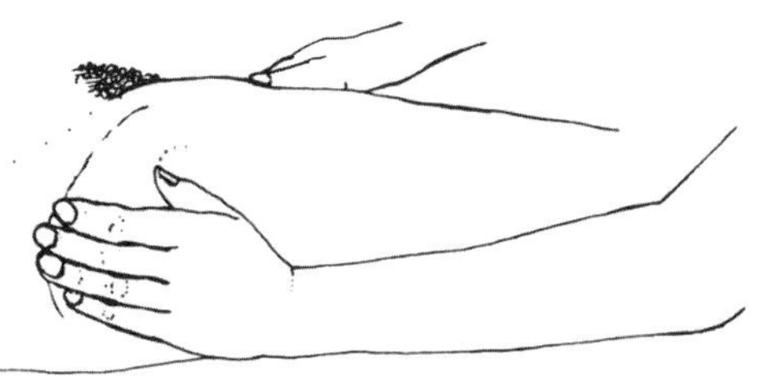

손가락 끝이 테이블에 닿았으면, 왼손은 다리 옆 선을 따라 움직이기 시작해 발까지 간다.

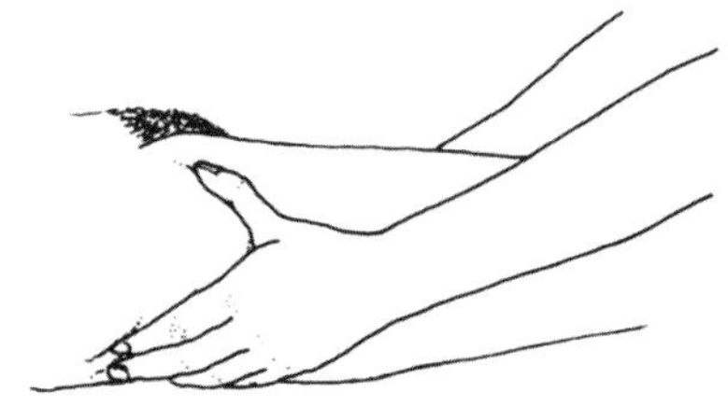

동시에 오른손은 더 천천히 허벅지 안쪽에서 아래로 내려간다. 골반과 허벅지 사이에는 자연스레 생긴 주름이 있다. 손끝은 이 주름을 따라가야 한다. 필요할 경우 남성의 생식기는 우회하여, 곧장 테이블까지 내려간다. 이때 오른손은 발로 돌아갈 준비가 되는 것이다. 이제 서서히 체중을 오른발에 다시 싣고, 다리 양 측면을 따라 양손을 당겨 발목까지 간다. 손가락 끝은 테이블에 닿을락 말락 한다. 올라갈 때보다 힘을 좀 빼되, 피술자가 손으로 당기고 있다고 느껴야 한다.

손이 제자리에 돌아왔으면 아랫다리의 왼손을 오른손보다 높게 놓고 스트로크를 한 번 더 실시한다. 왼손이 오른손 위에 있지 않으면 양손이 분리될 때 손을 다시 위치시켜야 할 것이다. 같은 이유로, 피술자의 왼쪽 다리로 갔을 때는 오른손을 왼손 위에 놓아야 한다.

이 스트로크의 느낌을 정확히 구현할 수 있는 두 가지 비법을 알아냈는데, 첫 번째는 왼손으로 골반 뼈를 최대한 신중하고 정교하게 표현하는 것이다. 피술자는 이때 마치 그의 몸 구조를 그리고 있다고 느낄 것이다. 그 느낌은 대부분의 사람들이 기분 좋게 여긴다. 두 번째 비법은 양손이 다리 맨 위에서 갈라질 때 양손의 움직임을 일정하게 해 서로 평행한 위치에서 종아리로 다시 돌아가기 시작하는 것이다.

이 말은 안쪽 손이 바깥쪽 손보다 다소 느리게 움직여야 한다는 뜻이다. 물론 동일한 속도로 움직여서 왼손이 따라잡을 때까지 오른손은 쉬어도 된다. 그러나 어떻게든 양손을 계속 움직일 때 스트로크를 받는 기분이 더 좋다.

이런 변형을 줘도 괜찮다. 양손을 이용해 이전과 같이 다리 위까지 올라간다. 단, 내려올 때는 손끝만 이용해서 최대한 가볍게—마치 깃털로 피부를 스트로크하는 것처럼—쓸어 내리는 것이다. 이 느낌은 매우 미묘한데, 다음 번에 테이블에 시술자가 직접 누워서 그 느낌을 확인해보길 강력히 권한다.

메인 스트로크를 3회 이상 반복한다. 다리 앞면에서 사용하는 그 외 스트로크를 시술하는 사이사이 이 스트로크를 끼워 넣으면 좋다.

2 다음 스트로크는, 왼손바닥을 피술자의 아랫다리 바깥쪽에 평평하게 댄다.
손을 발목과 무릎 중간에 놓고 손가락 끝은 무릎을 가리킨다. 그 후 피술자의
아랫다리 안쪽을 보면서 눈으로 발목에서 무릎까지 세 개의 평행한 선을 긋는다.
오른손을 발목 부위의 맨 윗선에 놓고 손가락 끝은 무릎을 본다.

그 다음, 왼손을 그 자리에 고정한 채 오른손을 천천히 맨 윗선을 따라
손가락이 무릎 직전에 이를 때까지 그린다. 그런 후 이번에는
손바닥 끝에 집중하여 다시 발목으로 돌아온다. 스트로크의
속도나 세기에는 변화를 주지
않는다. 왼손은 내내 그
자리에 머무르되 움직이는
오른손 쪽으로 압박을 가해서

아랫다리의 근육이 부드럽게 조여질 수 있도록 한다.

첫 번째 선을 따라 갔다 왔으면 두 번째 선을 이어서 진행한다. 그 후에는 오른손을
아랫다리 안쪽에 납작하게 대고 왼손을 바깥쪽에서 똑같은 방식으로 세 개의 선을
따라 진행한다.

다음은 허벅지로 가서(아니면 기분에 따라 무릎에 시술하는 다음 스트로크를 완료한
다음 허벅지로 가도 된다) 같은 순서를 따른다. 단, 허벅지는 넓기 때문에 각 측면에
네 개나 다섯 개의 선을 더 그어야 할 것이다. 다리 안쪽 무릎에서 허벅지와 골반
사이 주름까지 선을 평행하게 긋는다. 바깥쪽 선 역시 무릎에서 평행하게 긋되,
엉덩이까지 포함해야 한다. 매번 되돌아오기 전 왼손의 손가락 끝은 골반 뼈
가장자리에 접촉한 채 머무른다.

★3 이제 무릎이다. 이 부위는 마사지 효과가 가장 좋은 곳 중 하나이다.
피술자는 처음으로 무릎이 있다는 사실이 얼마나 기쁜지 알게 될 것이다.

무릎은 복잡해 보이지만 스트로크는 꽤
간단하다. 먼저 무릎을 반으로 나눈다.
양 엄지를 무릎뼈 아래쪽 가장자리에서
십자로 교차시킨 상태에서 시작한다.
다음으로 왼손 엄지 끝으로 무릎뼈를
따라 원을 그린다. 오른쪽으로(즉,
반 시계방향으로) 이동하면서 원을 하나 완성한다.

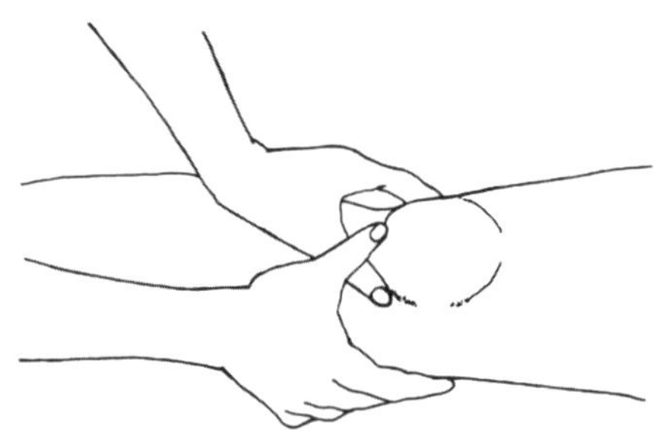

무릎뼈와 그 아래 뼈 사이에 작게 움푹 꺼진 곳을
찾아낼 것이다. 엄지 끝으로 이 꺼진
곳에 가볍지만 꾸준하게 압박을
가한다. 그 다음 오른손 엄지로도 같은
순서를 실시하는데, 이번에는 왼쪽, 즉
시계방향으로 이동한다.

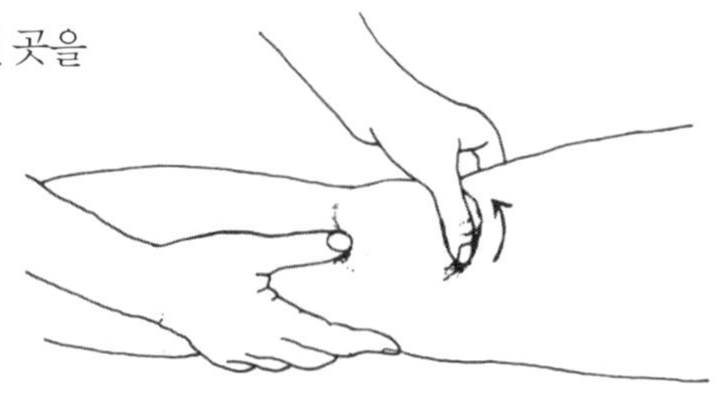

이제 실제 스트로크에 들어간다. 그저
양 엄지를 한 번에 반대 방향으로
움직이기만 하면 된다. 먼저 엄지를 각
방향으로 가져간 다음 무릎뼈 위에서
교차시키고, 각 엄지를 반대쪽으로 내리면서 시작 지점에
도착하면 마무리한다. 무릎뼈
밑부분에서 다시 엄지를 교차시키면
다음 회를 시작한 준비가 된 것이다.
3회 이상 엄지를 떼거나 움직임을
멈추지 말고 천천히 원을 그린다.

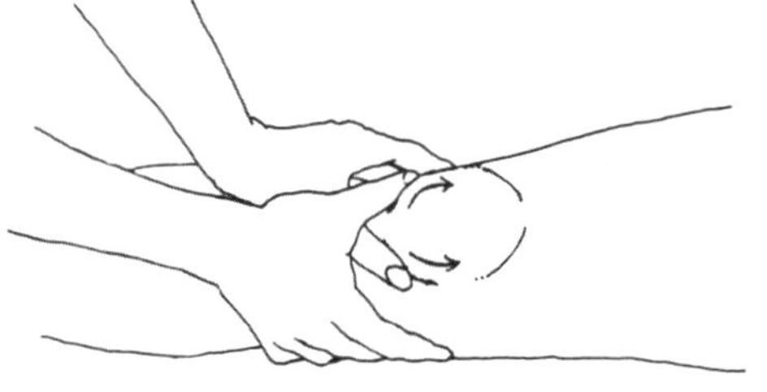

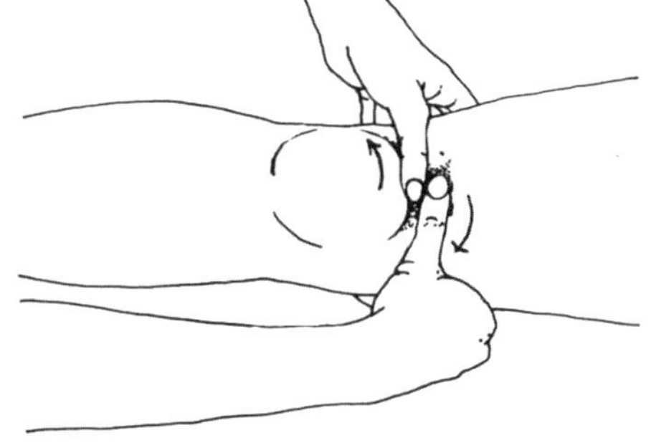

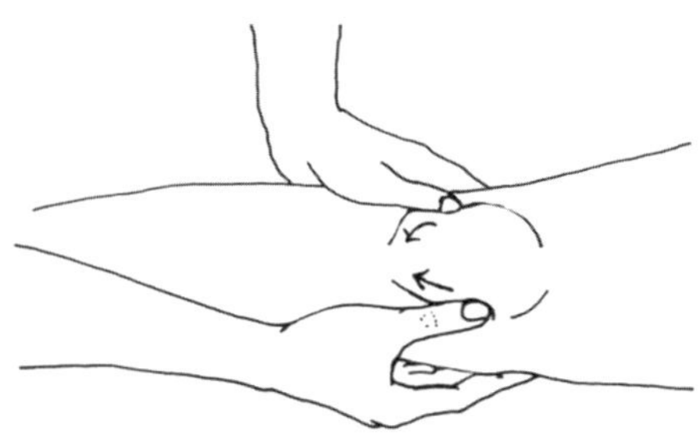

그 후 무릎뼈 전체를 양손가락 끝으로 몇 초간 가볍게
두드린다. 양손 손가락으로 한 번에 무릎 양쪽을 부드럽게 문지르면서 마무리한다.
무릎 양쪽에서 각각 6회 정도 큰 원을 그린다.

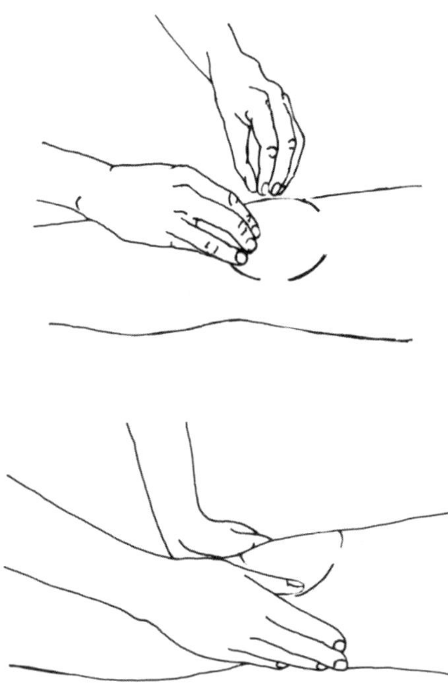

4 다음 두 스트로크는 피술자의 다리를 올려 무릎이 공중을 향한 자세여야

한다. 왼손으로 무릎을 아래에서

들어올리고 동시에 오른손은 발을 무릎 선까지

민다. 무릎이 거의 균형을 잡을 수 있을 정도로

높이 세워져야 한다. 그 다음,

테이블에서 시술할 경우 다리를

받치고 오른쪽

궁둥이로

발가락을

부드럽게 깔고

앉아 다리를 고정한다. 바닥에서 시술할 경우

무릎을 꿇고 무릎 사이에 피술자의 발을 고정한다.

이제 오른손으로 주먹을 가볍게 쥐고, 오른편에서 다리 아래로

주먹을 넣는다. 피술자의 아랫다리 밑에 아래팔 안쪽을 접촉하여

종아리 근육을 마사지한다. 종아리 시작 부위에서

시작하여 먼저 왼쪽에서 오른쪽으로 손목

안쪽으로 길고 좁은 원을 그리면서 진행한다.

(시술자의 맞은편 관점에서) 종아리의 왼쪽에

다다르면 거기서 아래팔을

왼쪽으로 쓸어내려 종아리

맨 윗부분과 팔꿈치가 꺾이는 부분이 거의 맞닿게

된다. 다시 오른쪽으로 내려온다. 손목 안쪽이

종아리 시작 부분에 다시 닿을 때까지 아래팔을 오른

방향으로 그린다. 같은 방향으로 원을 2개 더 그린 다음 반대

방향으로 3개 그린다. 이 스트로크에 주의를 가장 많이 기울이라.

모두가 선호하는 스트로크이기도 하다.

5

이 스트로크는 허벅지 '롤링(rolling)' 이라고 부른다. 피술자의 다리는 이전에 시술한 스트로크 때의 자세처럼 올린 상태이다.

손바닥을 무릎 바로 아래 허벅지 양쪽에 대고 손가락은 바깥으로 뻗는다. 그리고 양손을 앞뒤로 힘차게 움직인다. 왼손이 앞(손끝 방향)으로 갈 때 오른손이 뒤(손바닥 끝 방향)로 가고, 왼손이 뒤로 갈 때 오른손이 앞으로 가는 방식이다. 이와 동시에 손은 천천히 허벅지를 따라 아래로 진행한다.

허벅지에서 거의 골반에 이르기까지 계속한 다음 동일한 동작으로 위로 돌아간다. 전체 스트로크를 한 번 더 반복한다.

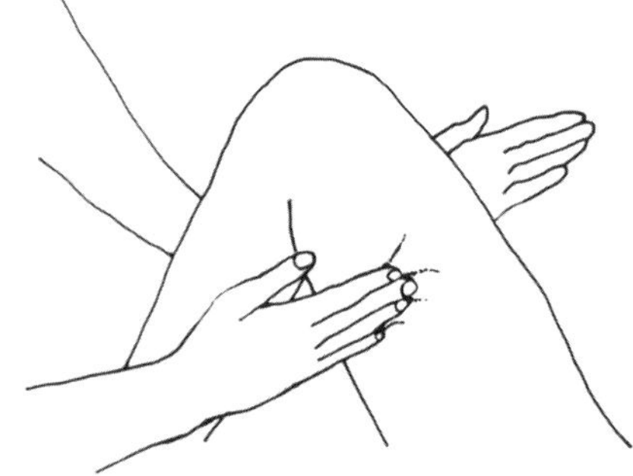

팔과 손 마사지와 마찬가지로 왼쪽 다리와 왼쪽 발로 가기 전 오른쪽 다리와 오른쪽 발을 다같이 마사지하는 것도 좋다. 이렇게 하고 싶으면 다리 오른쪽에서 발에 관한 다음 섹션으로 바로 넘어간다.

발

가장 정성을 기울여야 할 신체 한 부위를 꼽으라면 바로 발이다.

심리학적으로 발은 우리를 받치는 대지와의 유대감을 경험하는 부위이다. 뿐만 아니라 뼈와 근육의 관점에서 보면 발은 매우 복잡하고 정교한 기계이기도 하다. 피부 아래에는 26개의 뼈가 기계적으로 조합하여 하나의 발 골격을 이루고 있다. 그러나 우리가 발 마사지를 하는 가장 중요한 이유는 발의 역할은 신체의 신경계 안에서 이루어지기 때문이다. 발 그 자체는 수만 개의 신경 종말의 집합체이며, 이 신경의 반대쪽 끝은 신체 곳곳에 뻗어 있다.

따라서 발은 우리 몸 전체를 축소한 하나의 '지도'이다. 신체 내부나 외부의 어떤 근육, 분비 기관, 장기도 그 신경 다발의 반대쪽 끝이 발에 도착하지 않는 것은 없다. 그렇다면 이 말은 무엇일까? 우리가 발을 마사지할 때, 곧 신체 온 부위를 자극하고 영향을 미친다는 뜻이다. 사실 발과 신체 나머지 부위 간에 연결된 이 신경 다발의 관계는 매우 중요해서 중요한 의학적 진단 수단과 발 마사지를 통한 치료를 의사들 사이에서는 흔히 '구역 요법(zone therapy)'라고 하며, 이는 전적으로 발에서 행해지는 요법이다. 구역 요법에 대해서는 이후 섹션에서 더 논하기로 하겠다. 발을 마사지하는 동안 신체 나머지 부위에도 '숨은 마사지(shadow massage)'를 동시에 시술하고 있다는 사실을 자각하는 것만으로도 충분하다.

발에 시술하는 스트로크들은 손에 하는 것들과 매우 유사하다. 손에서처럼 발도 오일이 거의 필요 없다. 다리를 마사지한 후 손에 남은 오일로 충분히 마사지할 수 있다.

1 먼저 오른손으로 주먹을 쥔다.
왼손으로 발의 균형을 잡고
오른손 관절로 발바닥을 마사지한다.
관절로 힘을 주어 작은 원을 그린다.
발꿈치까지 발바닥 전체를 커버해야 한다.

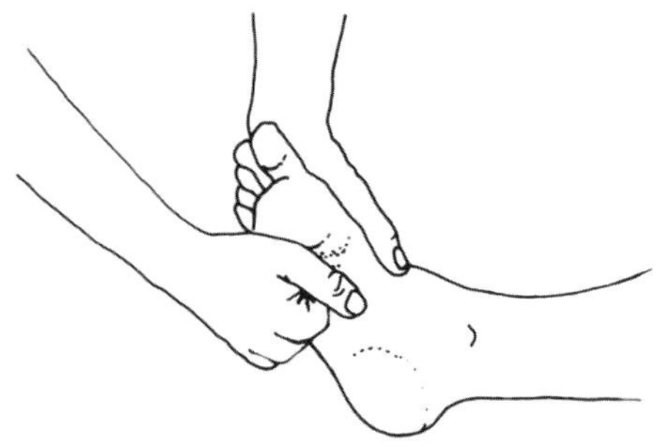

★2 양손 엄지로 발바닥을 지나간다.
손가락으로 발을 고정하고 양 엄지로 한
번에 작은 원을 그린다. 다시 발바닥 전체를 커버한다. 천천히,
세심하게 시술한다. 수천 수만 개의 발 신경들이 신체 전 부위와
연결된다는 사실을 기억한다.

바닥에서 시술할 경우 이 스트로크는 다소 불편할 것이다. 이때 도움이 될 만한
자세는, 피술자의 머리를 향해 책상다리를 하고 앉아서 발 또는 발목의 뒷부분을
시술자의 무릎 또는 다리에 올린다. 또 다른 방법은 발을 두꺼운 쿠션이나 베개로
받치는 것이다.

★**3** 그런 다음 엄지를 이용하여 같은 방법으로
발등을 마사지한다. 다시 활발하면서도
세심하게 시술한다. 어떤 미세한 부위도 빼먹어서는
안 된다. 발의 아래쪽 절반—
다시 말해 발목과 발꿈치
근처—에 다다랐을 때에는 손가락
끝을 사용하는 것이 더 쉽다. 복사뼈를
따라 손가락 끝으로 원을 몇 번 그린다.
복사뼈 양 가장자리를 동시에 그린다.

4 발꿈치 맨 밑바닥에 도착하면 발목 아래에서 왼손으로 발을 부드럽게
들어 발꿈치 맨 밑바닥 가장자리를 오른손 손가락 끝과 엄지로 시술한다.
세게 압박한다.

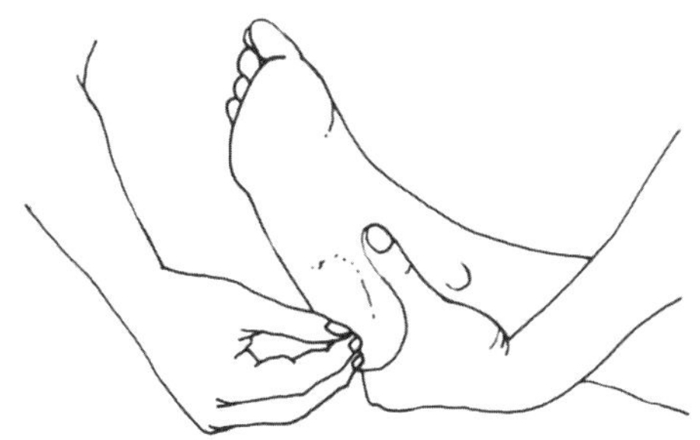

5 그런 다음 피술자의 발등을 보고 손에서처럼
발목 시작 부위에서 발가락으로 이어지는
길고 가느다란 힘줄을 찾는다. 엄지 끝으로 세게
누르면서 힘줄 사이의 각 계곡을 그려 나간다. 발목
시작 부위에서 시작해서 발가락 사이 얇은 피부에서
종료한다. 손에서처럼, 원한다면 엄지가 발등을 다 지났을
때 검지 끝과 피부 아래에 위치한 엄지를 서로 눌러
부드럽게 꼬집는다. 한 번에 한 계곡씩 시술한다.

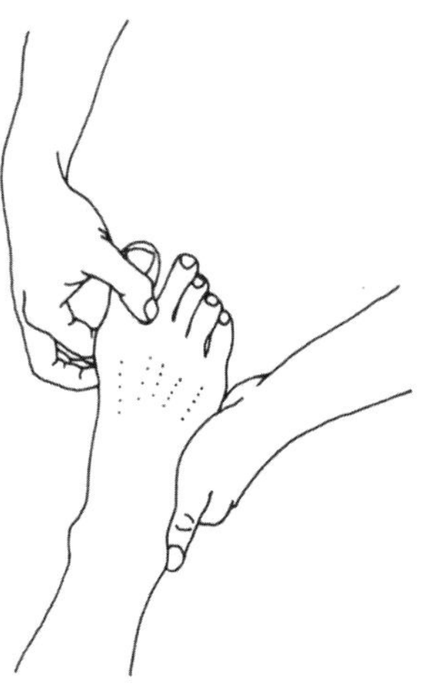

6 다음으로 손에 한 것처럼 발을 주무른다. 손바닥 끝을
발등에 대고 손끝은 발바닥 중앙을 누르는 자세로 발을
양손으로 잡는다. 손바닥 끝은 서로 닿아 있고, 양손의
각 손가락들도 서로 맞닿아 있다.
이제 손바닥 끝으로 발등 위에서
아래로 아주 세게 누르고 손가락
끝으로 발바닥을 위로 누르기
시작한다. 동시에 아주 천천히 손바닥
끝이 발등에서 양
가장자리로 빠져나가게
한다. 가장자리에
도달하면 중지한다.
이 스트로크를 세 번
실시한다.

★**7** 이제 발가락이다. 왼손으로 발을 꼭 잡는다. 오른손 엄지와 검지로 엄지발가락 두덩을 잡는다. 그런 다음 한쪽에서 다른 한쪽으로 코르크를 따듯이 비틀면서 부드럽게 당긴다. 엄지와 검지가 발가락 끝을 빠져나가면 중단한다. 각 발가락을 차례로 시술한다.

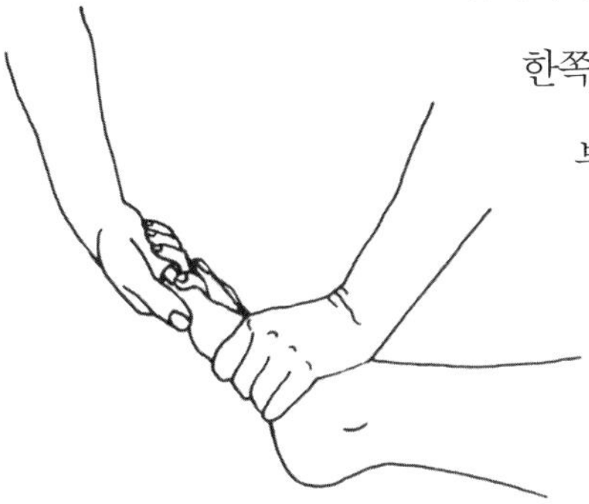

★**8** 손에서 한 것처럼 발을 마무리한다. 손 사이에 발을 넣고 잡는다. 한쪽 손바닥은 발바닥과 접촉하고 다른 쪽 손바닥은 발등을 접촉하여 잠시 정지한다. 시술자 자신에게 집중하면서 호흡을 알아차린다. 숨을 손으로 보내어 에너지가 몸을 돌아 피술자의 몸과 어우러진다고 상상한다.

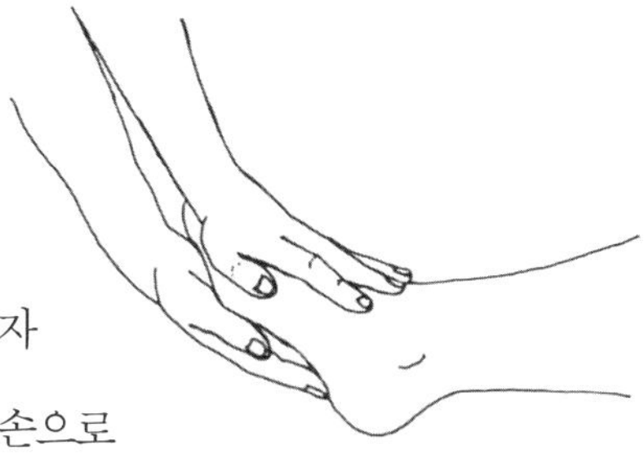

다리 뒷부분

만약 스트로크를 설명하는 데 이 책에서 적용한 순서를 따라 하고 있다면, 이제는
피술자의 몸을 돌려 엎드리게 해야 한다. 피술자가 움직일 때 한 손은 계속 접촉을
하고 있어야 함을 기억하도록 한다. 피술자가 편한 쪽으로 머리를 돌리고 눕게 하고,
피곤할 때마다 다른 쪽으로 머리를 돌려도 된다고 일러둔다.
피술자의 오른쪽 다리, 궁둥이와 엉덩이에 오일을 펴 바른다.

★1 메인 스트로크로 시작한다. 다리 뒷부분에
시술하는 메인 스트로크는 다리 앞부분에
한 것과 거의 유사하다. 피술자의 발을 300mm 정도
떨어뜨려 놓는다. 피술자의 오른발 옆에 선다.
왼손은 발목 뒤쪽을 가로지르고 손끝은 시술자
자신을 향한다. 그리고 오른손은 테이블의 반대쪽을
향하게 하여 바로 위에 놓는다. 세게 누르면서 양손을
다리 위로 진행한다. 단, 무릎 뒤를 지날 때에는 힘을 조금
뺀다. 움직일 때 체중을 왼발에서 오른발로 옮겨야 함을 기억하도록 한다.
허벅지 맨 윗부분에서 다리 앞부분에서 한 것처럼 손을 서로 뗀다. 오른손은 손가락
끝이 엉덩이 뼈에 이를 때까지 궁둥이의 가장 솟은 부분으로 보낸다. 손은 뼈의
형상을 세게 표현하면서, 엉덩이를 지나 테이블까지
내려간다. 손이 발을 향하도록 다리 측면으로
가져온다.

동시에 왼손은 좀 더 천천히 허벅지 안쪽으로 내려간다. 타이밍을 맞추어(다리 앞부분에 했던 것처럼, 이 동작은 연습이 필요하다) 왼손이 허벅지 안쪽의 편안하게 다다를 수 있는 가장 낮은 지점에 도달하도록 한다. 오른손이 했던 것처럼 엉덩이를 지나 오른손과 평행한 위치로 간다. 그런 다음 양손을 다리 측면을 따라 당기면서 발목으로 돌아온다. 양손이 발목에 이르렀을 때, 동작의 흐름을 깨지 않고 스트로크 시작 지점으로 되돌아간다.

이 스트로크를 3회 이상 반복한 후, 이후 시술하는 스트로크 사이사이 하고 싶을 때마다 이 스트로크를 반복한다.

2 이번 스트로크는 마사지 용어로 '링잉(wringing)' 이라고 한다. 양손을 오므려서 손가락 끝은 시술자의 몸 밖을 향하고, 종아리 시작 부분을 나란히 감싼다. 손가락 아래쪽과 손바닥이 최대한 다리에 접촉하게 잡는다.

다리에 최대한 접촉한 채 왼손은 손가락이 테이블에 닿을 때까지 시술자가 바라보는 방향으로 돌린다. 동시에 오른손은 손바닥 끝이 테이블에 닿을 때까지 시술자 쪽으로 돌린다.

그런 다음 양손을 역방향으로 진행하여 왼 손바닥 끝과 오른 손가락 끝이 테이블에 닿을 때 마친다.

그리고 양손을 다시 반대 위치로 옮긴다.

이렇게 진행하면 된다.

이 동작의 속도를 높여 양손을 빠르게 앞뒤로 교차하고, 동시에 천천히 다리 위쪽으로 진행한다. 교차하는 동작은 가벼운 압박으로 하지만 명료함을 잃지 말고 빠르고 활기차게 진행한다. 양손은 반드시 반대 방향으로 교차해야 하고, 엄지는 서로 마찰하도록 한다. 이 스트로크를 다리 맨 위까지 진행한 다음 다시 내려온다. 한 번 왕복하면 충분하다.

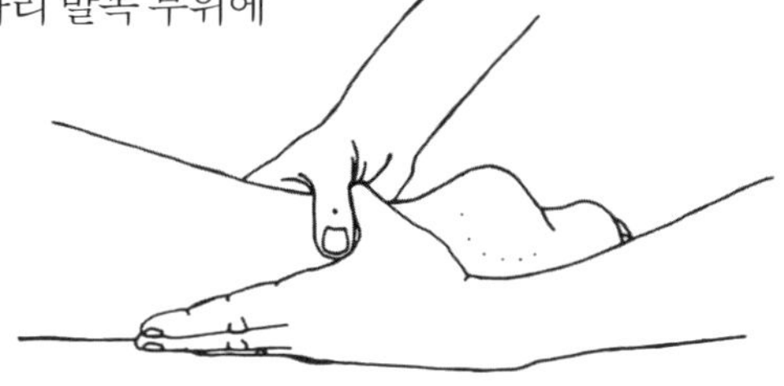

3 다음으로는 손바닥을 한쪽 아랫다리 발목 부위에 놓는다. 다리에 손바닥이 최대한 많이 닿도록 펴고 손가락은 약 45도로 테이블에 닿거나 테이블 방향을 가리키도록 한다. 양 엄지는 종아리 맨 아래에서 서로 반대쪽을 향해 교차하도록 감싼다.

그런 다음 천천히 양손을 아랫다리의 위로 진행하는데, 손바닥과 엄지로 부드럽게 조인다. 무릎에 도달하기 직전에서 중지하고, 똑같이 느린 속도지만 이번에는 압박을 전혀 주지 않고 양손을 아랫다리 아래 방향으로 내려온다. 양손이 이동하는 동안 엄지는 서로 맞닿은 상태이다.

올라갈 때만 압박을 주면서 세 번 왕복한다. 그런 다음 허벅지로 이동한다. 무릎 바로 위에서 시작해서 같은 스트로크를 세 번 실시한다. 골반 가까이에 이르면 피술자의 허벅지 둘레 때문에 엄지가 서로 떨어질 것이다. 내려올 때는 다시 엄지를 붙여서 내려오면 된다.

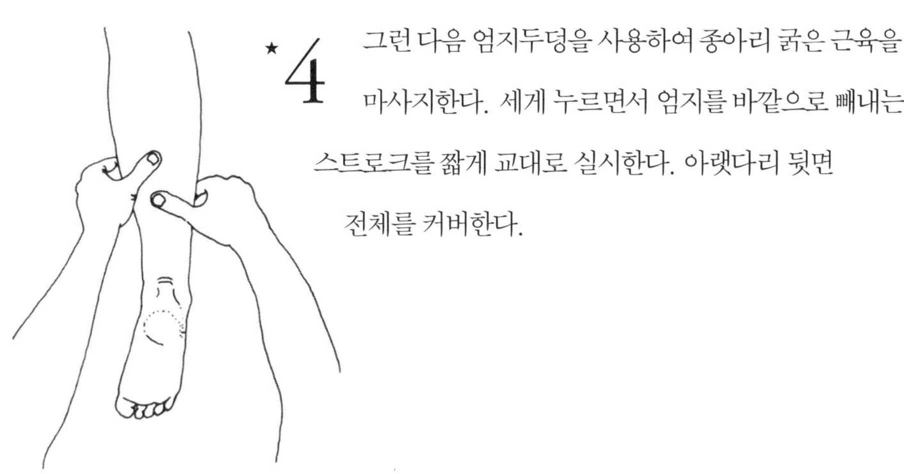

★4 그런 다음 엄지두덩을 사용하여 종아리 굵은 근육을 마사지한다. 세게 누르면서 엄지를 바깥으로 빼내는 스트로크를 짧게 교대로 실시한다. 아랫다리 뒷면 전체를 커버한다.

5 한 손 손가락으로 무릎 뒤쪽에 약간 들어간 부위를 가볍게 마사지한다. 손가락으로 부드럽게 작은 원을 그려 나간다.

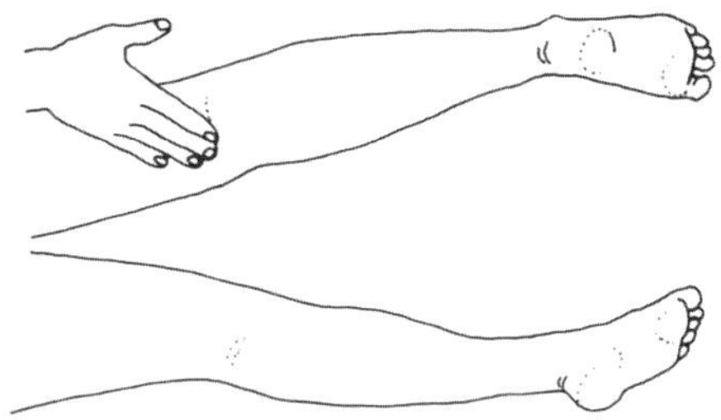

6 다음으로는 허벅지 안쪽에서
'풀링(pulling)' 을 실시한다. 무릎
바로 위 허벅지 안쪽에서 시작하여, 한
손씩 교대로 수직 방향 위로 천천히
당긴다. 손바닥은 피부와 접촉하고,
손가락은 테이블을 향한다. 한 스트로크를
완료하자마자 새 스트로크를 시작한다. 압박은 부드럽게 주고, 리듬은 천천히
규칙적이게 유지한다.

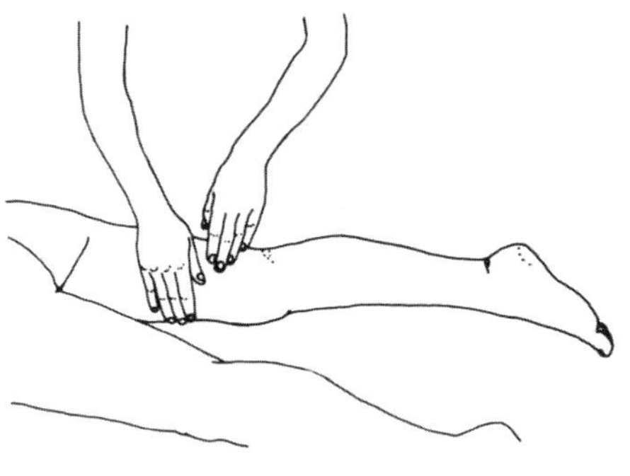

각 스트로크를 다리 조금 더 높은 데서(무릎에서 좀 더 떨어져서) 시작하여 골반에
닿기 직전까지 진행한다. 그 후 천천히 동일한 방식으로 무릎 쪽으로 되돌아온다.
피술자가 원하면 오후 내내 이 스트로크를 해도 되지만, 두 번 왕복하는 것만으로도
충분하다.

7 그 다음은 '레이킹(raking)' 을 시도한다. 이 스트로크는 거의 모든 부위에
효과가 좋지만, 특히 다리 뒷면, 궁둥이, 등에 시술하면 좋다.

손가락을 서로 떨어지게 펴고 약간 오므린다. 손가락에 약간
힘을 주어 손을 갈고리처럼 만든다.
이제 짧게 스트로크를 교대하면서 아래로
진행한다. 다리 시작 부위나, 원하면
궁둥이에서 시작한다. 양손을 갈고리
모양으로 유지하면서, 접촉은 손가락 끝만
하도록 한다. 빠르고 매우 세게 한
스트로크 당 150mm 정도씩 실시한다.
다리 뒷면은 물론 다리 면적 전체를

커버하도록 체계적으로 다리 전체를 시술한다. 아래 방향으로만 진행한다.

이 스트로크는 위로 올라갈 때는 그리 좋은 느낌이 아니다.

발목에 다다랐을 때 다리 맨 위로 이동하여 한 번 더 다시 시작한다.

8 아랫다리를 들어서 궁둥이 쪽으로 구부려 마무리한다. 아랫다리를 밀었을 때 더 이상 밀리지 않는 지점을 느낀 후, 부드럽게 아랫다리를 25~50mm 더 밀면 다리가 되돌아온다. 이 동작을 몇 번 반복한다. 힘을 많이 주지 않아도 되면 발꿈치를 궁둥이 쪽으로 민다. 그리고 다리를 천천히 테이블 위에 내려놓는다.

궁둥이

궁둥이는 신체 중에서 마사지하기가 가장 쉬운 부위이다. 가장 큰 이유는
이곳에서는 무슨 마사지를 하든 기분이 아주 좋기 때문이다.

★1 한쪽 궁둥이 살을 주무르면서 시작한다.
엄지와 나머지 손가락으로 살을
들었다가 꼬집는다. 리드미컬하게, 손을 교대로
바꿔가며 주무른다. 먼저 한쪽 궁둥이를
세심하게 커버한 후 다른 쪽 궁둥이로 간다.
테이블 반대편으로 이동하지 않아도 된다. 서
있는 자리에서 다른 쪽 궁둥이도 주무를 수 있다.

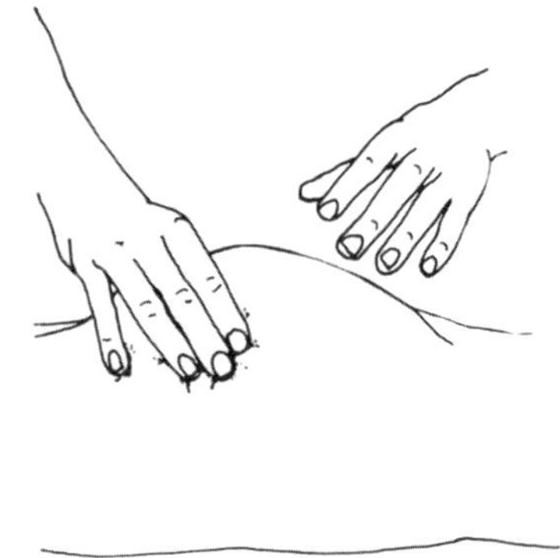

2 다음 스트로크로 허리선에서 허벅지 시작 부위까지
궁둥이를 마사지한다.
피술자 왼쪽에 선다. 오른손(또는 왼손잡이일 경우 왼손)
가운데 세 개 손가락 삼각형이 되도록 딱 붙인다. 중지가
위 꼭지점이 된다. 이 손가락 세 개를 피술자의 허리선 바로
아래, 척추의 바로 오른쪽에 놓는다. 손가락 끝으로 12mm 이하
너비의 원을 세게 그리면서 천천히 테이블 반대쪽으로 진행한다.

이 방식으로 궁둥이를 가로질러 궁둥이 옆(위치상으로
등 아래 부분이 될 수도 있겠다)으로 곧장 내려가는
가상의 선을 따라 손가락이 테이블에 닿을 때까지
계속 원을 그린다.

그런 다음 힘을 거의 주지 않고
손가락 끝으로 직선을 그리면서
다시 선을 따라 올라온다.

가상의 선을 따라 궁둥이를 지나
옆으로 가기를 반복한다. 각 선은 25mm씩
떨어져서 궁둥이 아래쪽까지 계속된다.
각 선은 척추 바로 옆에서 시작하고, 척추가
끝났으면 궁둥이 골 바로 위에서 시작한다.
손가락이 테이블에 닿았으면 내려갔던 선을
따라 그대로 올라온다. 오른쪽 궁둥이를 다
마쳤으면 테이블 반대쪽으로 넘어가서 왼쪽
궁둥이를 시술한다.

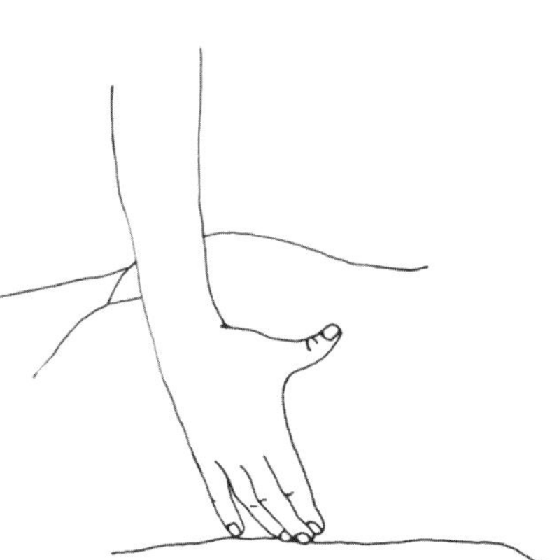

3 다음 스트로크는 그리 어렵지는 않으나 스트로크를 시술할 정확한 지점을
찾기가 힘이 든다.

한 손의 손가락 끝으로 궁둥이 중앙에서 25mm 정도 떨어진 부위의 살을 가볍게
탐색한다. 찾고자 하는 부위는 두 개의 큰 근육, 중둔근과 대둔근이 겹쳐진 그 사이
오목한 지점이다. 보통 눈보다는 손가락으로 잘 느낄 수 있다. 부위를 찾을 수
없어도 걱정하지 않도록 한다. 비정상적인 피술자가 아닌 이상 조금만 더 연습하면
이 부위를 찾을 수 있다. 임의로 적당하다고 생각하는 지점에서 스트로크를
진행한다. 그래도 시술 느낌은 여전히 좋을 것이다.

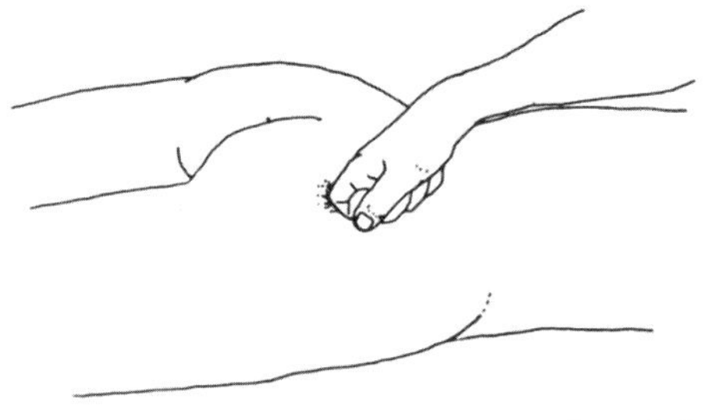

이제 한 손 검지를 웅크려서 두 번째
관절을 이 들어간 지점에 누른 후
천천히 손을 최대한 한쪽으로 돌린다.
각 방향으로 세 번씩 돌린 다음 멈춘다.
이 느낌은 꽤 좋지만, 더 많이 하면 엉덩이가 뚫릴 것
같다는 느낌을 받을 것이다.

물론 이 스트로크는 다른 쪽 궁둥이에서도 실시해야 한다. 하지만 같은 쪽
궁둥이에서 바로 다음 스트로크로 넘어가고, 그 후 다른 쪽 궁둥이로 가서 같은
순서를 반복한다.

4 정확한 지점을 찾지 못했다면, 두 번째 기회가 있다. 같은 지점으로 되돌아
가는데, 이번에는 손바닥 끝으로 찾는
것이다. 손가락은 공중으로 향하고
손바닥 끝은 오목한 부위를 바로 누른다.
이제 손을 최대한 빨리 흔든다. 팔 전체가
떨리고 마치 전기 충격을 받은 것처럼 진동시킨다.

10초 정도 손을 제자리에서 흔든 뒤, 손바닥 끝을 궁둥이 나머지 부위로 움직이기
시작한다. 계속 누르면서 진동시킨다. 전 부위를 커버하도록 체계적으로
진행하려면 궁둥이에 다시 25mm씩 떨어진 가상의 선을 긋기를 권한다. 단,
이번에는 선을 세로로 긋는다. 선을 엉덩이 골 옆에서 시작하여 테이블에 닿는
경계 부위까지 배열한다. 한 개의 선마다 손을 위(머리 쪽)에서 아래(발 쪽)로
진행한다.

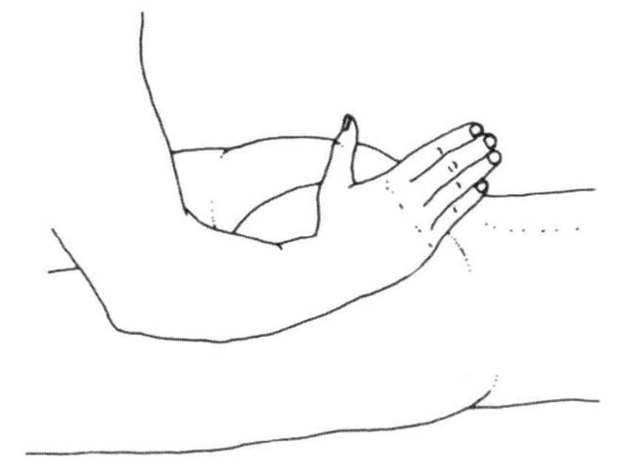

★5 이제 마사지 중 가장 간단한 스트로크이다. 오른손
손가락을 최대한 쫙 펴고 양 궁둥이의 가장
아랫부분의 경사면을 세게 누른다. 양쪽 궁둥이가
동시에 흔들리도록 손을 가볍게 빨리 좌우로 흔든다.
웃긴 동작이지만 피술자는 좋은 기분을 느낄 수 있다.

등

인도와 티벳 요기에 따르면, 우리 마음과 정신 상태는 신체 부위 중 척추의 상태에
가장 많이 좌우된다고 한다. 이 말이 여러 모로 맞는 것 같다. 그 중 가장 큰 이유로
우리 대부분은 등이 세심하게 제대로 마사지될 때 가장 편안한 느낌을 받기
때문이다. 척추의 크기와 그 중요성으로 인해 등 마사지에는 다른 어떤 부위보다
많은 시간을 공들이기를 권한다.

등, 어깨, 몸통 양 측면에 오일을 펴 바른다. 궁둥이를 마사지하기 전이라면
궁둥이에도 바른다.

★**1** 등에서 메인 스트로크로 시작한다.
등에서 하는 메인 스트로크의 좋은 점은 어떤 방향으로 해도 상관 없다는
점이다.
테이블에서 시술하고 있다면 가장 쉬운 방법은 피술자의 머리 쪽 테이블 끝에 선
자세에서 하는 것이다.
그러나 바닥에서 시술하고 있다면, 두 가지 방법이 있다. 하나는 스트로크를
테이블에서 시술할 때의 설명과 똑같이 시술하기 위해 피술자의 머리 위쪽에 앉거나
무릎을 꿇는 것이다. 다른 하나는 피술자의 허벅지 위에 걸터앉는 것이다—
시술하기에, 그리고 역방향으로 스트로크를 진행하기 아주 편안한 자세이다.
후자의 자세를 하고 싶으면, 반대 방향을 시도하기 전 첫 번째 스트로크 법을
이해해야 한다.

첫 번째 시술법에 관한 설명이다. 피술자의 머리
위쪽에 서거나 앉는다. 손바닥을 등 맨 위 한쪽에
놓는다. 손가락은 척추를 향하고 손가락 끝은
척추 바로 위가 아닌 옆에 놓아야 한다. 다른 등
마사지와 마찬가지로, 이 스트로크는 척추 바로
위에서 진행하면 느낌이 많이 좋지 않다.

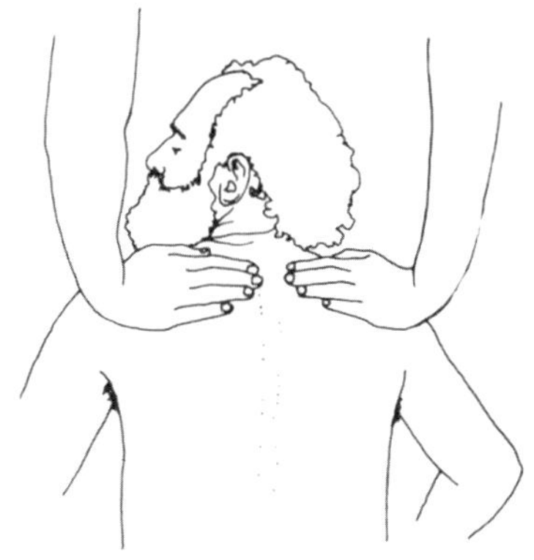

이제 손으로 등 전체를 지나간다. 앞쪽으로 체중을
최대한 기울여 압박을 세게 가한다. 특히 손가락
끝에 힘을 세게 준다. 척추 양쪽에 좁은
고랑을 느낄 수 있을 것이다. 진행할 때
손가락 끝이 이 고랑을 눌러야 한다.

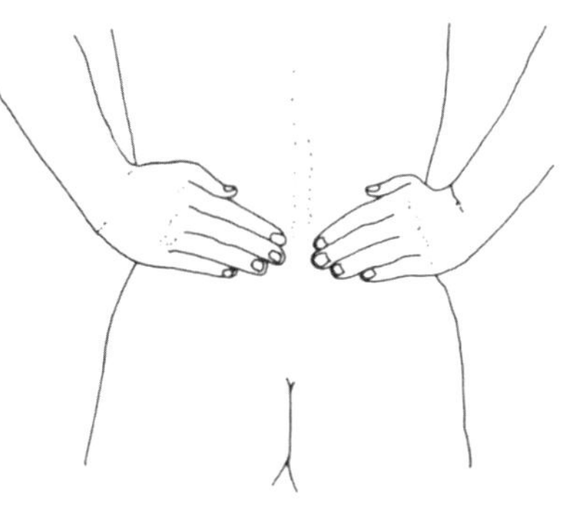

척추 마지막에 이르면 손을 떼서 엉덩이 양쪽을
지나 테이블에 닿을 때까지 아래로 향한다.

그런 다음 천천히 몸통 옆면을 따라 어깨 쪽으로
양손을 당긴다. 겨드랑이에 닿기 직전에 손을 한 번 더 등 맨 위로 가져간다. 그런
다음 손가락이 척추를 향하도록 손을 돌리면 전체 스트로크를 다시 시작할 수 있는
자세가 된다.

이 스트로크를 변형하는 방법은 몸통 측면을 따라 손을 당기기 전 양손을
궁둥이에서 가장 솟아오른 부위까지 가져가는 것이다. 일반적으로
등에 스트로크를 시술할 때
궁둥이까지 포함하면 좋다.
바닥에서 시술하고 피술자의
허벅지 위에 걸터앉는 게 더 편할

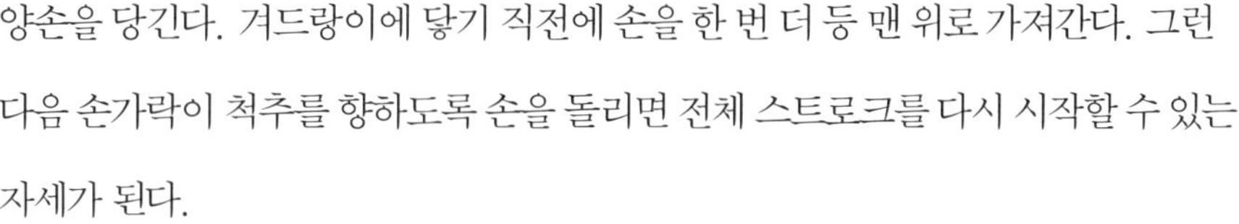

경우, 손가락 끝은 척추를 향하게 하여 등 아랫부분에서 시작한다. 손을 등 위로
곧장 진행시킨다. 등 맨 위에서 손을 분리하여 견갑골을 지나 테이블까지 내려간다.
그런 다음 측면을 따라 아래로 내려온다. 그리고 기분을 훨씬 좋게 하려면, 등 맨

위에서 손이 분리될 때 손가락 끝으로 견갑골의 솟은 부위를 그려나간다.

손끝에 압박을 조금 더 가하면 척추에서 어깨까지 진행할 때 자연스럽게 굴곡이 질 것이다.

등에서 메인 스트로크를 4~6회 실시한다. 다른 스트로크로 넘어가기 전 하고 싶을 때마다 반복해도 된다.

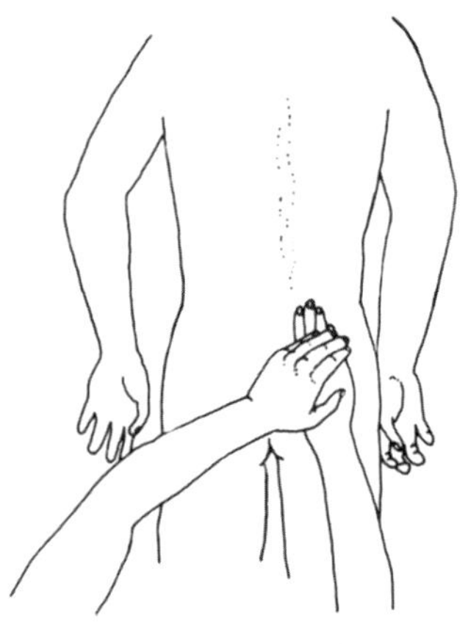

2 이제 피술자의 등 아래쪽 지점의 테이블 한쪽에 선다. 바닥에서 시술하고 있고 피술자의 허벅지 위에 걸터앉아서 시술 중일 때는 같은 위치에서 실시해도 된다.

피술자의 등 하부 척추 오른쪽에 오른손을 놓는다. 손가락 끝은 허리선에서 머리를 향하게 한다. 그런 다음 왼손바닥을 오른 손등 위에 놓는다.

이제 양손으로 골반 뼈 주위에 원을 그린다. 허리선을 따라 테이블로 곧장 가서 어느 정도 엉덩이 아래(발 쪽)로 간 후, 궁둥이 맨 위로 가로질러 올라간 다음 거기서 척추 옆 허리선으로 돌아간다. 체중을 손에 싣고 압박을 많이 가한다.

이 원 그리기를 4번 이상 반복한다. 그 다음에는 등 하부 반대쪽에서 동일하게 실시한다. 똑같이 척추 바로 옆 허리선에서 시작하는데 이번에는 왼쪽으로 원을 그린다. 등 아래쪽은 거의 항상 긴장이 많이 되는 곳이므로 이 스트로크는 중요한 시술이다.

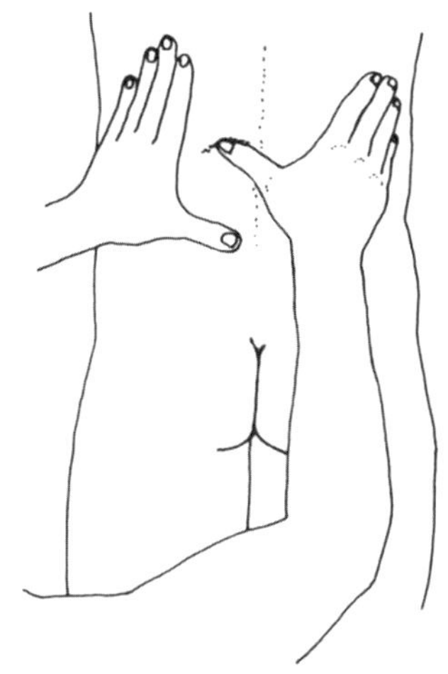

★**3** 이제 엄지로 등 아래쪽에서 시술한다. 엄지두덩을 사용하여 짧고 빠르게 시술자에게서 멀리 스트로크를 진행해 나간다. 다음 위치로 진행하기 전 양 엄지가 몇 번 이상 동일한 지점을 지나도록 한다. 허리선 바로 아래 척추 근처, 자몽 크기만 한 부위에서 시작한다.

★**4** '로킹 호스(rocking horse)' 라고 하는, 실제로는 척추를 오르내리는 스트로크이다. 피술자의 왼쪽에 선다. 오른손을 피술자의 척추 위에 놓고, 손바닥 끝은 척추 아래쪽 끝에, 손가락은 머리를 향한다. 손가락은 테이블 먼 쪽을 향하게 하고, 왼손을 오른손 위에 교차하여 놓는다.

이제 천천히 양손을 척추를 따라 일직선으로 진행한다. 세기는 적당하고 일정하게 유지한다.

등 맨 위에 다다르자마자 같은 속도로 내려오기 시작한다. 단, 내려올 때는 오른손을 약간 들어서 척추에 손이 닿지 않고 검지와 중지 끝이 척추 바로 옆을 따라 이어지는 고랑을 눌러야 한다. 두 손가락 끝이 이 고랑을 따라 일직선으로 내려온다. 최대한 세게 누른다. 손가락 끝에서 가장 가까운 관절을 최대한 구부리면 압박을 가장 세게 가할 수 있다. 척추 끝까지 진행한 후 궁둥이로 25~50mm 더 진행한다.

궁둥이에 이르면 'V' 자를 거꾸로 그리듯이 손가락 사이 폭을 넓힌다.

로킹 호스의 앤 켄트 러시 변형법은 마사지에서 아주 훌륭한 스트로크 중 하나이다. 마찬가지로 척추를 따라 올라간다. 그러나 등 맨 위에 다다르면 왼손을 오른손에서 떼고, 오른손으로 원래와 마찬가지로 척추 양쪽의 고랑을 검지와 중지 끝으로 누르면서 내려오기 시작한다. 척추의 100mm 정도 내려왔을 때 손을 떼고, 그 사이 오른손이 시작한 지점에서 약 25mm 더 떨어져서 왼손으로 같은 동작을 실시한다. 왼손 검지와 중지로는 오른손이 한 것보다 좀 더 약하게 누르기 시작한다. 오른손 검지와 중지가 접촉을 뗀 지점에 이르기 전 다시 오른손으로 스트로크를 시작하는데, 이번에는 왼손이 시작한 지점의 25mm 더 아래에서 시작한다. 이런 식으로 스트로크를 중복하고 할 때마다 척추 조금 아래에서 시작하여 척추 전체를 시술한다. 피술자는 이 시술이 척추를 따라 물결이 흐르는 느낌을 받을 것이다.

로킹 호스를 2~3회 실시한다.

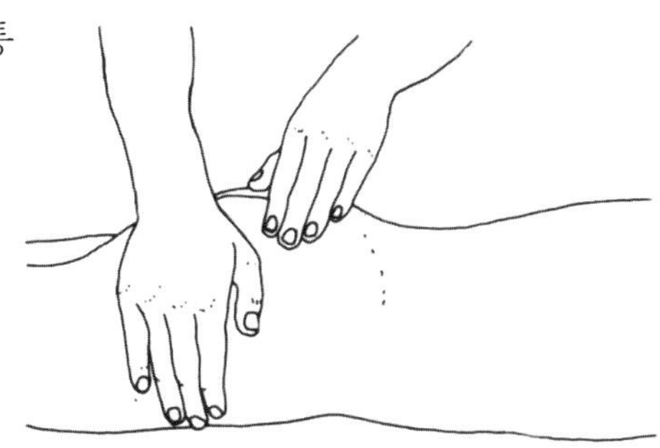

5 이제 가슴과 배에서 한 것처럼 몸통 측면을 따라 손을 당긴다. 테이블 반대쪽으로 뻗어 시술자의 반대편에서 시술한다(바닥에서 시술하고 피술자의 허벅지에 걸터앉았을 경우, 이 스트로크는 앉은 자리에서 할 수 있다.

피술자의 몸통 왼쪽에서 마사지했다면 오른쪽으로 약간 기울이고, 오른쪽에서 마사지했다면 왼쪽으로 기울인다).

허벅지 바로 위에서 시작하여 겨드랑이까지 올라간 다음 다시 내려온다. 손가락은 아래를 향한 상태에서 각 손을 테이블에서 수직으로 당긴다. 천천히 손을 교대로 반복하는 리듬을 구사하는데, 한 스트로크가 끝나기 직전 새 스트로크를 시작하도록 한다.

몸통 양쪽을 한 번 올라갔다가 내려온다.

6 이제 등 상부로 이동한다. 이곳 역시 긴장을 많이 하는 부위이다. 피술자의 목에서 어깨로 이어지는 근육을 주무르면서 시작한다. 엄지와 검지로 근육을 부드럽게 마사지한다. 양쪽을 한 번에 시술한다.

7 다음은 견갑골이다.

이곳 스트로크는 기분이 좋지만 테이블에서 시술하지 않으면 많이
불편하다. 바닥에서 시술할 경우 이 스트로크는 생략하고 등 상부에서 하는 다음
스트로크로 가도 좋다.

첫 번째 문제는 견갑골 한쪽을
올려 주변 근육을 더 잘 잡을 수
있도록 하는 것이다. 피술자의
오른편에 서서(테이블에서

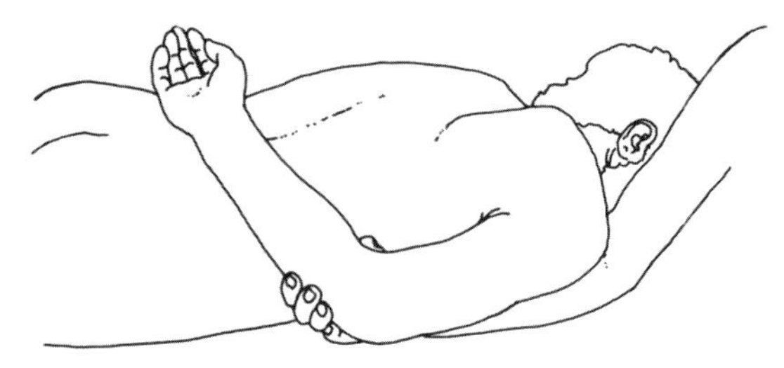

시술할 경우에는 이 스트로크를 할 때 무릎을 꿇는 게 더 편할 것이다) 오른손을
잡고 손바닥을 등 중앙으로 올린다. 그런 다음 피술자의 어깨를 25~50mm 테이블
위로 들어 오른팔을 팔의 아랫면이 위로 오도록 하여 어깨 아래로 밀어 넣는다.
어깨는 팔꿈치의 꺾이는 부분에 내려놓도록 하고, 오른손으로 피술자의 팔꿈치 근처
아래팔을 잡는다(아래팔에 닿지 않으면 잡지 않아도 된다).
이제 견갑골이 올라와 작업할 준비가 되었다.

이 마사지의 핵심 부위는 견갑골을 둘러싼 세 면의
고랑이다(위, 척추에서 가장 가까운 측면, 그리고
아래). 먼저 왼손 손가락 끝으로 몇 번 천천히 앞뒤로
세 면을 따라간다. 강하게 누르면 기분이 좋다.

그런 다음 손가락 끝으로 작은 원을 그리면서 다시 세
면을 따라간다. 아주 천천히 누르면서 진행하고, 원은
6mm 이하의 크기로 그린다.

그 후, 왼손을 갈고리처럼 만들어서
견갑골을 강하게 눌러 마무리한다.
피부를 견갑골 바깥으로 둥글게
밀어내는 식으로 누른다. 오른쪽으로
몇 번, 왼쪽으로 몇 번 진행한다. 그리고

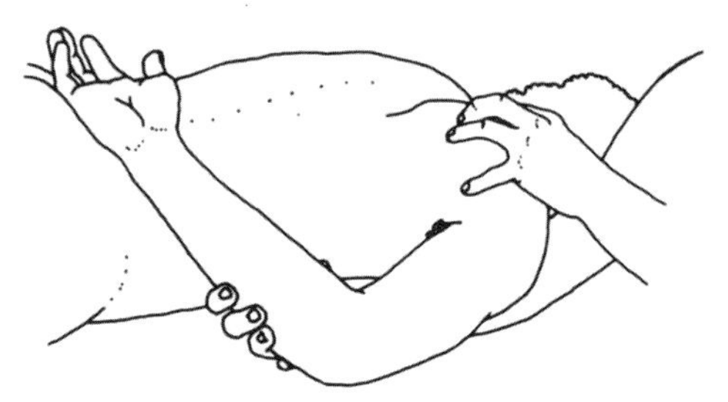

나서 손으로 가볍게 피술자의 팔을 따라가고, 손과 팔을 다시 테이블로 갖다 놓은 후 부드럽게 아래팔을 어깨 밑에서 빼낸다.

다른 쪽에도 같은 스트로크를 실시한다.

★8 이제 엄지를 이용하여 등 하부에 했던 것처럼 등 상부를 시술한다. 피술자의 머리 위쪽에 선다. 엄지를 교대로 짧고 빠르게 움직이면서 밀고 나간다. 척추와 견갑골은 피한다. 처음에는 견갑골 바로 위 근육에 집중하고, 다음으로 견갑골과 척추 사이를 지나는 근육에 집중한다.

9 '코르크스크류(corkscrew)' 라고 하는, 이해하고
나면 쉬운 스트로크이다.

테이블 한쪽에 선다. 오른손을 피술자의 오른쪽
어깨에 놓고, 왼손을 왼쪽 어깨에 놓는다.
양 손가락은 테이블을 향한다.
이제 천천히 양손을 당긴다. 손바닥
끝으로 리드하여 척추 쪽으로 이동한다.

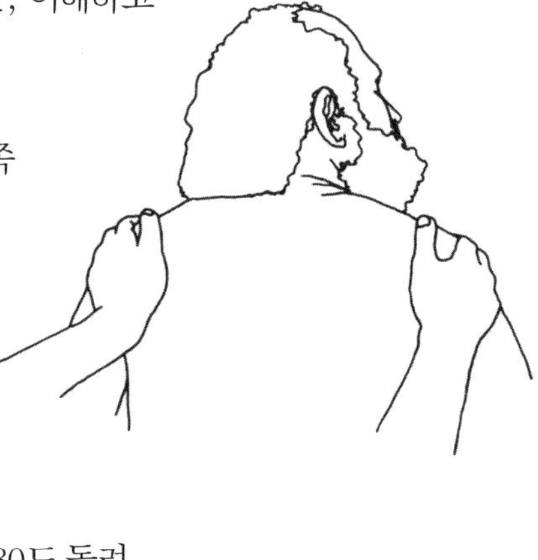

당기면서 누른다. 손이 맞닿을 때쯤, 양손을 180도 돌려
손가락이 반대쪽을 향하게 한다. 전 과정에서 같은
속도로 왼손을 오른쪽으로, 오른손을 왼쪽으로
진행한다. 손이 척추를 지나면 아래팔은
교차하게 된다.
손은 등을 가로질러 양손의 손가락 끝이
동시에 테이블에 닿을 때까지 계속
진행한다. 양손을 동시에 등 조금 더 아래(발 방향)로
이끈다. 그러면 오른손은 왼쪽 겨드랑이 바로 아래 테이블에 닿고, 왼손은 오른쪽
겨드랑이 바로 아래 테이블에 닿는다.

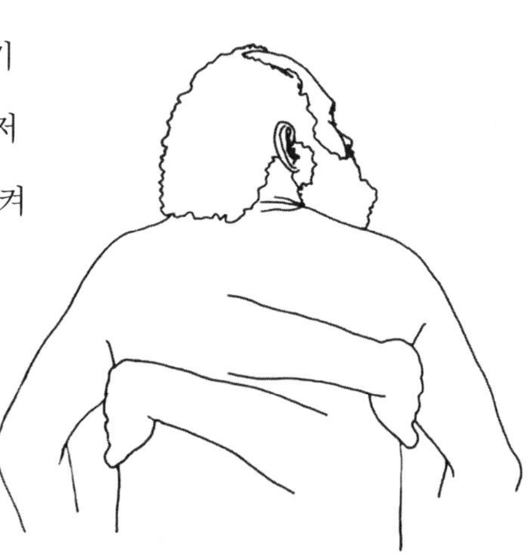

손이 테이블에 닿는 순간 다시 척추로 올라가기
시작한다. 아까와 마찬가지로 손바닥 끝을 먼저
움직이며 시작하여 등 중앙에서 180도 회전시켜
교차시켰던 팔을 푼다. 그리고 오른손가락을
먼저 오른쪽 테이블로 보내고 왼손가락을
왼쪽 테이블로 보내어 마무리한다. 또다시
아까처럼 75mm 더 내려온다.
이렇게 팔을 교차시키고 풀기를 반복하면서

양손이 한쪽에서 다른 쪽으로 갈 때마다 조금씩 등 아래로 이동한다. 손이 척추 마지막에 거의 다다랐을 때 중지한다. 그런 다음 같은 방법으로 다시 위로 이동하여 어깨에서 끝마친다.

한 번 내려왔다가 올라가면 충분하다.

10 이 스트로크는 '링잉' (다리 뒷부분에 시술한 2번 스트로크)과 같다. 등을 가로지르는 수평선을 따라 손바닥을 빠르게 움직인다. 왼손을 시술자 몸 바깥으로 밀 때 오른손을 몸 쪽으로 당기고, 오른손을 밀 때 그 반대로 왼손을 당긴다. 일정한 속도로 빠르게 피부에서 손을 떼지 말고 움직인다. 즉, 마찰력을 최대한 발생시킨다.

몸통 측면까지는 가지 않는다―여기까지 가면 속도가 너무 느려진다.

등 맨 위에서 시작해서 서서히 척추 아래로 진행하고 다시 올라간다. 한 번 갔다가 오면 충분하다. 특히 이 스트로크는, 너무 오랫동안 하게 되면 피곤해진다.

11

이 스트로크는 보기보다 아주 섬세하다.

목에서 꼬리뼈까지 한 손 검지와 중지로 피술자의 척추를 따라간다. 목이 두개골과 만나는 지점부터 시작한다. 두 손가락 끝을 사용한다. 손가락으로 특히 각 척추뼈를 느끼면서 적당한 세기로 천천히 이동한다.

이게 전부이다.

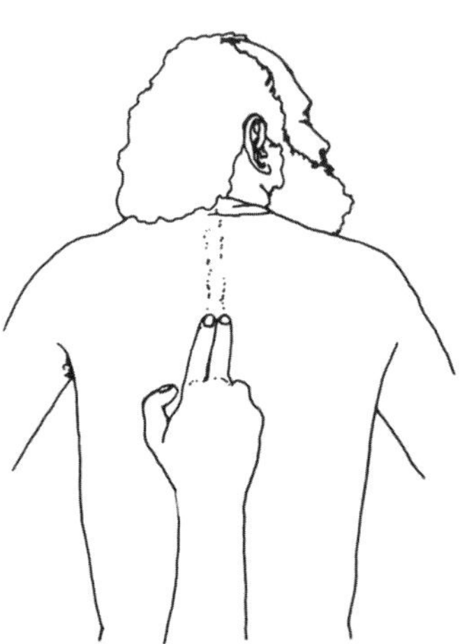

*12

이 스트로크로 마무리한다.

양 아래팔 아랫부분을 피술자의 등 상부와 하부 궁둥이 끝 사이 중앙 지점에서 가로로 놓는다.

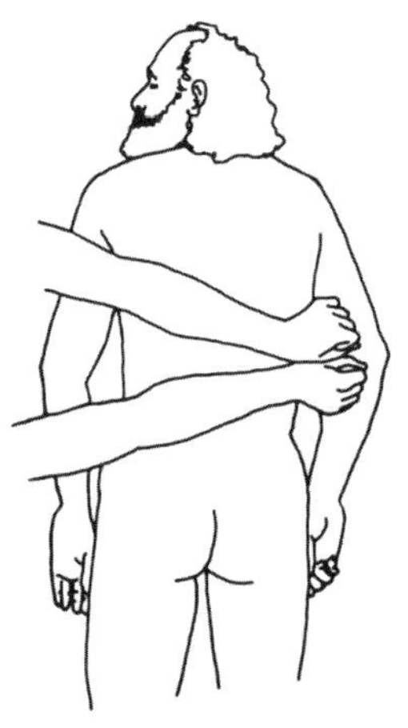
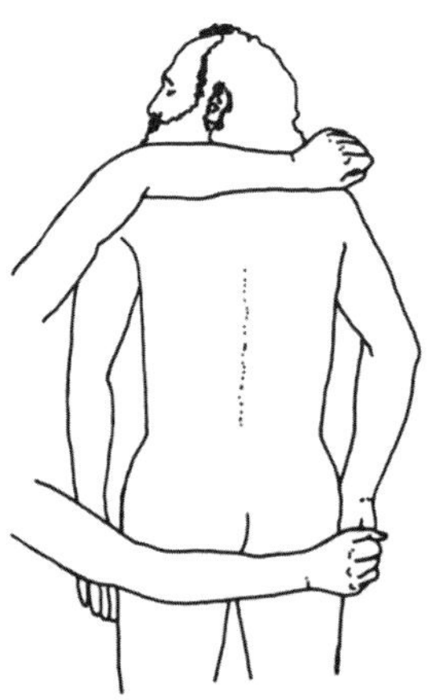

아래팔을 최대한 붙이고 손을 뒤로 젖혀 아래팔 아랫부분이 약간 이완되도록 한다. 이제 힘을 주어 천천히 아래팔을 떨어뜨린다. 동일한 속도로 한쪽 팔이 등 상부에 도착하고 다른 쪽 팔이 궁둥이에 이를 때까지 이동한다. 그런 다음 피부에서 팔을 떼서 빠르게 등 중앙으로 다시 돌아와 스트로크를 한 번 더 반복한다.

척추를 두 번 지났을 때 테이블 쪽으로 몸을 약간 기울여 아래팔을 약간 아래로 기울인다. 그리고 등에서 좀 더 먼 지점에 같은 스트로크를 실시한다. 그런 다음 자세를 다시 고쳐 이번에는 등에서 가까운 쪽을 따라 실시한다. 그 후 중앙에서 다시 시작하되, 이번에는 각도를 이루어 한쪽 아래팔이 시술자와 가까운 쪽 어깨에 도착하고 다른 팔은 다른 편 궁둥이를 지나도록 비스듬하게 스트로크를 실시한다. 그리고 나서 두 번째 사선 스트로크로 마무리하는데, 이번에는 먼 쪽 어깨와 가까운 쪽 궁둥이에 도착한다.

이 스트로크는 특히 등에서 마무리할 때 아주 좋다.

전신 스트로크

마사지를 마무리하는 가장 좋은 방법은 몇 가지 스트로크로 전신을 왕복하는
것이다. 하기도 재미있을 뿐만 아니라, 이 스트로크는 피술자가 자신의 신체를
하나의 연결된 실체로 자각하게 한다.

1 다리 뒷부분의 7번 스트로크에서 설명한
‘레이킹’ 을 실시한다. 이번에는 등 전체,
궁둥이를 지나 다리 아래까지 진행한다. 그
다음에는 다시 등 아래로, 궁둥이를 지나 다리
전체에 실시한다.

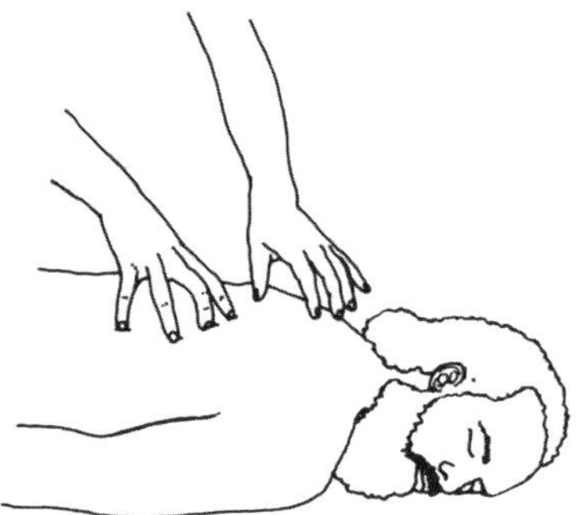

2 이름과 달리 아주 기분이 좋은 스트로크인
‘해킹(Hacking)’ 이다.
손 바깥 가장자리로 척추를 가볍게 최대한 빨리 두드린다.
척추 맨 위에서 시작하여 아래로 진행한다. 같은
속도로 한쪽 다리까지 계속 나아간다. 그런 다음
같은 경로를 따라오면서 위로 되돌아온다. 다시
반복하는데, 이번에는 등을 내려가 다른 쪽
다리로 간다.

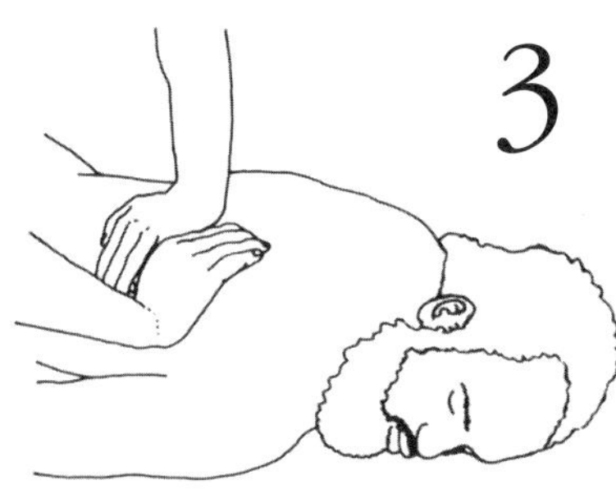

3 이제 다리 뒷부분에 메인 스트로크를 할 때처럼 양손을 동작한다(다리 뒷부분 1번 스트로크를 참조한다). 하지만 이번에는 다리 시작 부위에서 손을 나누지 않고 쉼 없이 궁둥이를 지나 등 한쪽을 타고 진행한다. 같은 쪽 견갑골 맨 위에 다다랐을 때 손을 떼어 돌린다. 그 다음에는 손바닥 끝으로 리드하여 측면을 따라 내려와 다리, 발목까지 지나간다. 척추 위로는 가지 않는다. 1~2회 더 실시한다. 그런 다음 테이블을 돌아 반대편에도 실시한다.

4 이 스트로크는 '베어 워크(bear walk)' 라고 한다. 테이블 반대쪽으로 가서 한 손바닥을 피술자의 등에서 75mm 정도 떨어진 부위에 놓는다.

손바닥 끝은 척추 먼 쪽에 위치한다. 체중을 손에 최대한 실어서 매우 세게 누른다. 다음으로 첫 번째 바로 옆—다시 말해 피술자의 등에 놓은 손 바로 아래—에 다른 손을 누른다. 마찬가지로 손바닥 끝은 척추 먼 쪽에 놓도록 한다. 그런 다음 첫 번째 손을 교차하여 두 번째 손 바로 아래에서 누른다. 이런 식으로 진행한다. 한 손에서 압박을 떼자마자 다른 손으로 누르기 시작한다. 베어 워크를 등 한쪽 전체에 시술하고, 궁둥이를 지나 다리까지 진행한다. 그런 다음(테이블 반대쪽으로 가서) 다리 위로, 궁둥이를 지나 등 다른 편까지 진행한다. 매번 누를 때마다 최대한 힘을 세게 가한다. 단, 무릎 뒤에서는 힘을 빼도록 한다.

5 한 손의 엄지와 검지를 최대한 펴면 두 손가락 사이의 피부는 팽팽해진다. 이 살은 마사지에 아주 유용한 도구이다. 다음 스트로크는 이 쫙 펴진 피부로 시술하는 것이다. 피술자의 왼편에 선다. 오른손의 엄지와 검지를 펴서 왼쪽 다리 위로, 궁둥이를 지나 등 왼쪽까지 진행한다. 세게 누르고 빠르게 이동한다. 그리고 오직 엄지, 검지, 그리고 그 사이에 펴진 'V'자 모양 피부만을 사용한다. 무릎 뒤에서는 가볍게 시술한다.

등 맨 위에 다다랐을 때 왼손을 가져가―엄지와 검지를 마찬가지로 편다―같은 경로를 따라 내려간다. 그런 다음 다시 전신에 걸쳐 위로 진행하고, 다시 왼편에서 내려간다. 발을 넓게 벌리고 있으면(아니면 바닥에서 작업할 때 무릎을 최대한 넓게 벌리고 있으면) 손이 이동할 때 몸 전체를 앞뒤로 흔들 수 있다. 활기차면서도 강한 이 스트로크는 하기에도 매우 재미있다.

6회 정도 왕복한다. 그러고 난 후 자연스럽게 다른 편으로 이동한다.

6 이제 양 다리 위로 한 번에 진행하는 메인 스트로크를 실시한다. 테이블의 피술자 발에서 가까운 쪽에 서고 몸을 테이블 쪽으로 약간 편다. 손가락은 안으로 향하게 하여 오른손을 피술자의 오른쪽 발목 뒤에 놓는다. 그리고 왼손을 왼쪽 발목 뒤에 놓는다. 왼손가락 역시 안으로 향한다.

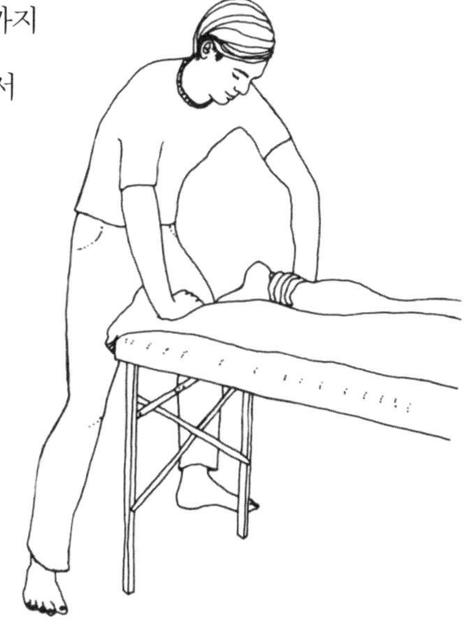

양 다리 위로 올라가면서, 궁둥이를 지나 등까지
진행한다. 필요하다면 스트로크를 진행하면서
걷는다. 양손을 몸통 아래쪽으로 당기면서
엉덩이를 지나 양 다리 바깥으로 내려온다.
움직임은 균일하고 꾸준하게 하고,
가능하다면 양손의 압박은 동일하게
유지한다.

3회 이상 왕복한다.

6번 스트로크는 바닥에서 시술할 경우에는 실제 하기가 쉽지 않다. 피술자 다리 사이에 무릎을 꿇고 그 자세에서 전체 스트로크를 실시한다. 자신감이 넘치고 누구를 마사지하든 간에 불안하지 않다고 생각될 때면, 아예 마사지 테이블 위로 올라가서 속도와 세기를 지켜 이 스트로크를 실시한다.

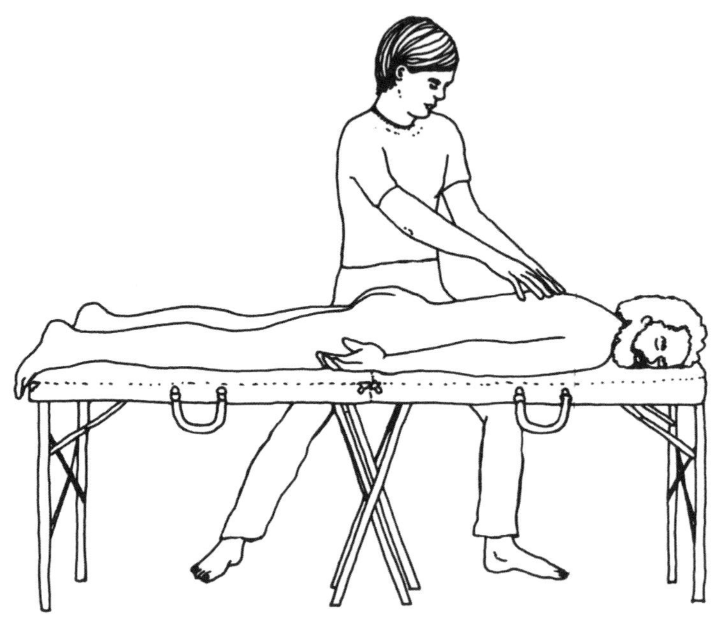

★**7** 양손을 한 번에 사용하여 깃털처럼 가벼운 스트로크를 머리에서 목, 그리고 발끝까지 곧장 진행한다. 손가락 끝만 사용하되 피부에서 접촉을 떼지 않고 최대한 가볍게 실시한다.

시술의 느낌을 바꾸려면 손톱을 몇 번 사용해도 된다. 손톱이 짧아도 피부에 닿도록 손가락을 많이 구부린다. 단, 마치기 전에 손가락 끝으로 깃털 스트로킹을 한 번 해야 한다.

부드럽게, 천천히, 섬세하게 실시한다. 지금쯤 피술자는 아주 편안한 상태라서 아주 약간의 터치에도 풍부하고 충만한 느낌을 받을 것이다.

★8 마지막 스트로크에서 가장 중요한 사항은 아주 신중하게 해야 한다는
것이다. 이 스트로크는 여운이 아주 오래 간다.

방법 하나, 마지막 깃털 스트로크를 몸 전체에 걸쳐 실시하고 양 발끝에서 한 번에
뗀다.

방법 둘, 손을 피술자의 팔을 따라 진행하고 접촉을 떼기 전 손바닥으로 피술자의
손을 잡는다.

방법 셋, 피술자로 하여금 돌아 눕게 하여 얼굴을 한 번 더 마사지하고, 손바닥으로
이마를 잠시 가볍게 덮는다. 이 방법으로 마사지를 시작했다면 이 느낌은 상당히
좋다.

손을 뗀 다음에는 피술자를 방해하지 말고 몇 분 간 그대로 둔다. 조용히 움직인다.
추워 보이면 시트로 몸을 덮어준다. (피부에 오일을 바르면 체감온도는 5도 정도
낮아진다는 것을 기억하자.) 마사지를 끝낸 후에 시술자가 몇 분간 조용히 자신의
내면으로 들어가고 싶으면 지금이 좋은 기회이다.

그 밖의 순서

마사지 전 과정을 시술하려고 할 때, 신체 각 부위마다 어떤 순서로 시술해야 할까?
다섯 명의 마사지사에게 물어보면 다섯 가지 답변을 받을 것이다. 갖가지 순서와
조합으로 여러 번 실험한 바로는, '답'은 없었다. 단 한 가지 추천할 만한 것은
따라야 할 순서를 얼마든지 바꿔도 된다는 것이다. 초보자뿐 아니라 마사지 경력이
있는 사람들도 습관적이고 식상하지 않는 마사지를 위해서 좋기 때문이다.
그렇다면 어떤 방법들이 있을까?
첫 번째 질문은 어디서 시작하느냐이다. 머리에서부터 시작하면 좋기 때문에
본문에서도 머리 마사지를 가장 먼저 다루었다. 그러나 그 외에도 시작하기 좋은
부위는 배이다. 배는 신체적으로나 심리적으로 신체의 중심이기 때문이다.
발은 우리 대부분이 자주 만지지 않는 부위라서 좋고, 등도 괜찮다.
등 부위를 좀 더 설명하자면, 마사지 받는 것에 긴장하거나 불편해하는
피술자에게는 항상 등부터 시작하는 것이 좋다. 머리, 손, 발과 마찬가지로 등 역시
거의 모든 사람이 터치에 거부감을 느끼지 않는 신체 부위이다. 동시에 등은 면적이
넓으므로 여러 좋은 마사지를 시술하기에 가장 이상적이다. 등에서 시작하면 긴장한
사람을 안심시킬 수 있다. 이후 다른 부위로 이동할 때가 되면 피술자는 신체 다른
부위에서도 불편함을 훨씬 적게 느낄 수 있다.
마사지를 하는 도중 같은 문제가 발생할 때마다 등으로 직행하기도 한다.
피술자가 갑자기 터치에 긴장하는 듯한 느낌을 받으면, 즉시 시술하던 신체 부위를
떠나 필요하면 피술자를 돌아눕게 해서라도 등으로 간다. 등에서 시간을 좀 보낸 후
다시 처음 시술하던 부위로 돌아간다. 거의 모든 경우에 훨씬 긴장이 완화되었다.
신체 부위의 순서를 결정하는 데 있어 적용할 수 있는 또 다른 방법은 가능할 때마다
한 부위에서 바로 인접한 다른 부위로 가는 것이다.
즉, 팔을 마사지하기 직전이나 직후에는 같은 쪽 손을 마사지한다. 이 방법이 피술자
입장에서는 훨씬 그럴듯하다― '안정적'이라는 뜻이다. 그렇지만 이 규칙을 반드시

따라야 한다는 법은 없다. 이 순서를 어겨도 된다. 예를 들어, 속도에 변화를 주어 (자신이나 마사지를 몇 번 시술받은 사람을 위해서도) 다른 부위에서 시작하기 전 양손이나 양발을 먼저 마사지하기도 한다.

시술자나 피술자에게 더 편한 방법은 신체의 한쪽을 완료한 다음 반대쪽으로 가는 것이다. 이에 가장 흔히 예외가 되는 경우는, 때때로 신체의 한 부분 또는 그 이상을 두 번 커버한 후에 마사지를 끝마친다. 가령, 이 책에서 설명하는 순서대로 한 다음 피술자에게 다시 등을 대고 눕게 해서 얼굴을 한 번 더 마사지한다―얼굴은 마무리하기 아주 좋은 부위이다. 아니면 신체의 앞면 전신 스트로크를 한 번 더 시술한 후 완료하기도 한다.

신체 어느 한 부위에서 시술하는 스트로크 자체의 순서는 어떨까? 대체로 정해져 있지 않다. 어떤 순서로 해도 상관 없다. 단, 시술하는 부위 전체를 커버하는 스트로크로 시작하고 끝마쳐야 한다―예를 들어, 다리에서는 메인 스트로크로 시작하고 끝내야 한다. 필요하다고 생각될 때마다 신체를 몇 군데로 분할해도 괜찮다―다리 앞부분에서 무릎이나 허벅지 등으로 나누어서 별도로 스트로크를 시술하는 등―이리저리 이동하지 않고 한 부위에서 인접한 부위로 체계적으로 이동한다면 피술자는 아주 기분이 좋을 것이다.

마지막으로, 신체의 다음 부위로 넘어가기 전 시술하던 부위는 반드시 완전히 끝마쳐야 한다는 원칙은 경우에 따라 바뀔 수도 있다. 전문가를 포함한 대부분의 사람들은 원칙대로 해야 한다. 그러나 유일한 방법은 아니다. 그리고 역시 차츰 자신감이 붙음에 따라 반드시 정도가 최상은 아님을 알게 된다. 정통 방식대로 신체 부위별 시술을 하는 것이 좋다고는 생각하지만 마사지가 꽤 익숙해지면 탈피해도 괜찮다. 단, 변화를 주고자 한다면 새로운 스트로크로 신체의 한 부위에서 다른 부위로 이동하는 마사지를 해주라. 예를 들어, 다리에서 스트로크를 시술한 뒤 배와 가슴 두 군데에서 스트로크를 시작하는 것이다. 거기서 팔로, 다음에는 목으로, 그리고 나서 등에서 가슴으로 가는 것이다. 올바른 손길과 흐름으로 한다면, 이 종류의 마사지는 피술자를 더욱 민감하고 깨어 있게 만들 뿐 아니라 신체 전체를 하나의 연결된 유기체로 느끼는 만족감을 줄 수 있다. 또한 하기에도 훨씬 재미있을 것이다.

요컨대, 마사지를 할 때 따라야 할 '올바른' 순서는 딱 하나, 그 순간에 가장 알맞은 느낌을 주는 순서이다. 같은 마사지를 두 번은 절대 하지 말도록 한다.

자신만의 스트로크 구사하기

자신만의 스트로크를 개발하는 것은 어렵지 않다. 마사지를 많이 해볼수록 쉽게 개발할 수 있을 것이다. 손은 엄청난 상상력을 가지고 있음을 깨닫게 될 것이다. 비결은 이러한 상상력을 깨우는 방법을 익히는 데 있다.

새로운 스트로크를 개발하는 가장 간단하면서도 직접적인 방법은 마사지를 하면서 수시로 하던 마사지를 멈추고, 하려던 시술을 중단한 다음 손이 원하는 대로 가게 내버려두는 것이다. 머리가 아니라 손에게 물어보라. 손에게 자유를 최대한 부여하라. 그러면 손이 시술자를 깜짝 놀라게 할 것이다.

한 신체 부위에서 여러 가지 실험을 하는 것도 새로운 아이디어를 제공해준다. 한 가지 좋은 방법은 스트로크가 한 부위에서 '의미하는' 바를 다른 부위에 전이시키려는 시도이다. 이 방법이 효과가 있을 때도 있고―보통 스트로크의 특성에 많은 변화를 주어서―없을 때도 있다. 그러나 효과가 있든 없든 손은 마사지를 하면서 새로운 변화를 찾아낼 것이다.

또 다른 장치는 신체의 한 부위 이상을 단 한 개의 연속된 스트로크로 마사지할 수 있는 모든 방법을 찾으려고 하는 것이다. 다시 말해서, 다리 뒷부분과 등 하부 모두를 커버하는 새로운 스트로크를 개발하는 것이다. 이 방법을 시작하는 확실한 방법은 이미 배운 두세 개의 스트로크를 조합하는 것이다. 후일에 이런 스트로크에 익숙해지면 점점 더 혁신적인 방법을 개발해내리라 본다.

손을 움직이는 여러 방법을 실험하는 데 도움되는 말을 덧붙이겠다. 본문에 수록된 대부분의 스트로크는 고전적인 마사지 용어로 '경찰법(effleurage)' ―손바닥 전체를 펴서 스트로킹하는 방법―이라고 하는 버전이다. 그러나 손으로 다른 여러 방법으로도 신체 어느 부위에든 시술할 수 있다. 가령, 다음과 같은 방법들이 있다.

―엄지두덩으로 스트로킹(손목 안쪽을 시술하는 스트로크에서 소개)

―손가락으로 깊고 작은 원을 그리면서 이동(가슴 부위에서 소개)

－주무르기(궁둥이 부위에서 소개)

－레이킹(다리 뒷부분에서 소개)

－손바닥 끝으로 스트로킹

－주먹 쥔 손의 아랫면으로 스트로킹

－손가락으로 두드리기

－해킹(전신 스트로크에서 소개)

－팔 아랫부분으로 크게 쓸어내리고 원 그리기(등 부위에서 소개)

－팔꿈치로 가볍게 누르기(팔꿈치의 모서리가 아닌 평평한 부위 사용)

－가볍게 때리기(손을 오므려서 시술하면 가장 좋음)

이외에도 여러 가지를 개발할 수 있겠다.

또 다른 훌륭한 장치는 손이 피술자 신체를 이루는 근육과 뼈의 체계를 묘사하고 파악할 수 있는 모든 방법을 찾는 것이다. 근육 다발, 뼈의 곡선을 지날 때마다 손에게 이렇게 말하라. "이곳, 그리고 이곳은 이렇게 생겼단다." 이렇게 탐색하면 새로운 아이디어가 갖가지 떠오를 것이다.

같은 맥락에서 한 가지 더 도움말을 주자면, 해부학을 공부하라. 이미 알아차렸듯이, 본문에서 소개한 스트로크는 해부학에 대한 제대로 된 지식이 없어도 된다. 그러나 신체를 이루는 생물학적 구조에 대해 더 많이 공부할수록 본문에 소개된 기법을 개량하고 자신만의 새로운 기법으로 더 많이 개발할 수 있다. 해부학 공부를 시작하는 좋은 방법으로 이 책에 수록된 해부학 챕터를 꼼꼼히 익히도록 한다. 그 후 새로운 해부학에 관한 교재를 찾아봐도 되고 해부학 강의를 들어보는 것도 괜찮다.

새로운 스트로크는 찾기가 어렵지 않다. 요점은 실험을 멈추지 말아야 한다는 것이다. 결국 이것이 최초로 마사지가 태어난 과정이기 때문이다.

몸의 긴장

긴장이란 무엇인가? 여기서 사용하는 긴장의 의미는 정상적으로 건강한 기능을 하는 데 필요한 정도의 긴장 이상으로 근육과 근육에 이어진 조직이 뻣뻣해지거나 당겨지는 현상이다. 이 현상의 원인은 대체로, 그리고 거의 전적으로 감정에 있고 이러한 긴장의 대부분은 만성적, 즉 항상 그 상태에—심지어 잠자는 동안에도— 있다. 다시 말해 긴장은 우리 활력을 꾸준히 소모한다(주로 잠재적인 현상이지만). 긴장이 풀어지면, 우리는 에너지가 재충전되는 느낌을 경험한다.

피술자를 마사지하려고 할 때, 피술자가 마사지 테이블에 올라가기 전 그 사람의 긴장 패턴을 연구해야 한다. 연습이 필요하지만 마사지를 오랫동안 하게 되면 다른 사람의 신체를 참으로 간단히 '읽을' 수 있게 되어 스스로도 놀랄 것이다.
한 가지 중요한 단서는 그 사람의 평소 몸의 자세에서 긴장을 발견하는 것이다.
예를 들면,
피술자의 어깨가 너무 올라갔는가? 앞으로 굽어 있는가? 등이 굳어 있는가? 한쪽 어깨가 당겨져 있는가? 그 어깨가 목 쪽으로 당겨져 있어서 몸통의 한쪽이 실제 체격보다 더 왜소해 보이는가?
그의 머리를 옆에서 봤을 때 앞으로 뻗어 있는가? 뒤로 젖혀져 있는가? 어느 쪽으로 기울어져 있든 목에 긴장이 있다는 표시이다.
얼굴 일부가 일그러져 있거나 굳어 있는가?
그의 등을 옆에서 봤을 때 'S' 자 곡선이 넓게 그려지는가, 좁게 그려지는가? 'S' 의 윗부분 폭은 어깨와 등 상부의 긴장을 나타낸다. 아랫부분의 폭은 골반과 등 하부의 긴장을 드러낸다.
피술자가 움직이는 방식과 몸을 사용하는 방식에서도 단서를 찾을 수 있다. 평소에 잘 움직이고 표현력이 좋은가, 아니면 '안에 가둬두는' 타입인가? 몸의 일부는 활기차고 적극적인데 다른 부분은 뻣뻣하고 잘 사용되지 않는가? 그의 행동과 움직임이 날카롭고 끊어지는가? 얼굴은 감정의 변화를 쉽게 드러내는가, 아니면 엄격하고 변화가 거의 없는가?

피술자가 옷을 벗고 테이블에 누우면 훨씬 더 잘 읽힐 것이다.

이를 테면, 그의 신체 모든 부분은 테이블에 착 달라붙은 듯한가, 아니면 일부 또는 전체가 의식적으로 올라붙은 듯한가?

등을 대고 누웠을 때 발은 약간 바깥쪽으로 기울어지는가, 아니면 꼿꼿하게 위를 향하고 있는가? 후자라면, 다리와 엉덩이에 긴장이 있는 것이다.

엉덩이는 탄탄하게 안으로 향해 있는가?

손은 주먹을 쥐기 직전인 것처럼 보이는가?

가슴은 탄탄하게 안으로 올라붙은 것처럼 보이는가?

피부의 색상은 또 다른 단서를 말해준다. 본래의 색상보다 희고 창백해 보일 때, 신체는 상당이 긴장하고 있는 것이다.

호흡에 따른 신체의 움직임도 살펴본다. 호흡이 얕고 배보다는 가슴에서 이루어진다면, 몸통 전체와 목에서 긴장을 많이 하고 있는 것이다.

눈으로 관찰한 후에는 다음 단계는 손으로 '보는' 것이다. 물론 이것은 마사지할 때 가장 쉽다. 시간이 지나면 상대방을 눈으로 보는 것보다 만질 때 근육의 긴장 패턴을 잘 알아차릴 수 있을 것이다.

손이 '봐야' 할 것은 무엇인가? 여기서 극히 일부만 알려주자면, 특히 탄탄한 부위— 견갑골 바로 위와 옆의 등 상부—에서 손가락으로 피부 아래에 완두콩 크기부터 시작하는 작은 덩어리를 어디에서나 찾을 수 있을 것이다. 보통 이것들은 노폐물 찌꺼기이거나 결합 조직 매듭이다. 그러나 일반적으로 신체가 긴장하면 살은 단단해지고, 뻣뻣하게 느껴지며 손이 다가가면 저항한다. 이것을 정교하게 감지할 수 있는 것이 여러 신체 타입의 많은 사람들에게 마사지를 시술함으로써 개발해야 할 능력이다. 사람마다 다른 다양성에 집중하면 손은 점차 요령이 생길 것이다.

신체에서 긴장한 곳을 알아냈다면, 이제 그 부위에서 어떻게 해야 할까?

첫 번째 할 일은 긴장한 곳보다 넓은 부위를 마사지하는 것이다. 그 이유는 발견한 부위는 실제로 더 크고 분산된 긴장 패턴의 중심 부위이기 때문이다.

다음으로 할 일은 중심 부위 또는 긴장한 바로 그 부위에 효과 좋은 마사지를 시술하는 것이다. 센 압박으로 스트로크를 시술한다. 가장 좋은 것은 손가락 끝이나 엄지두덩을 사용하는 것인데, 이 부위에 손의 압력을 집중적으로 모을 수 있기 때문이다. 천천히 체계적으로 시술한다. 할 수 있는 모든 것을 시술을 받고 있는 근육과 조직에서 일어나는 미세한 변화에 집중한다.

신체의 일부 부위—특히 등 상부와 어깨, 목 주변—의 긴장한 부위에 시술할 때는 부드러운 압박에도 피술자는 약간의 고통을 느낀다는 사실을 알 수 있다. 그렇다면 피술자에게 이것은 '몸에 좋은 고통'이며 마사지를 멈추자마자 즉시 느낌이 좋아질 것이라고 설명한다. 그렇다고 아픈 부위를 아주 세게(체중 전체 또는 대부분을 실어서) 누르면 안 된다. 마사지 경력이 아주 풍부하거나 스승과 심도 싶은 마사지를 공부할 기회가 아니면 시도해서는 안 된다. 엄청나게 센 압박은 이러한 종류의 긴장에 유용한 조치이긴 하지만, 적용할 때는 무엇을 시술하는지 정확히 알고 해야 한다.

드문 경우지만 때로는 테이블에서 일어났을 때 마사지를 받기 전보다 신체가 훨씬 더 많이 긴장해버린 피술자도 만나게 될 것이다. 그 이유는 이렇다. 우리 모두 긴장은 층별로 존재하고, 우리는 종종 긴장의 표면층만 사용하여 더 깊은 층의 긴장을 자각하지 못하고 우리 자신을 분리시킨다. 홀륭한 마사지는 이 표면층을 줄여줄 수도 있으나, 그 밑의 다른 긴장 층에 상당한 영향을 끼친다. 이 말은 곧 깊은 층의 긴장을 처음으로 완전히 느끼게 되었다는 것이다. 피술자는 실제로는 전체적인 긴장이 훨씬 줄어들었는데, 신체에서 일어나는 일을 더 잘 자각하게 되어 마사지를 받기 전보다 긴장을 더 잘 느끼게 되었다는 뜻이다.

경고를 한 가지 더 하자면, 좀 더 긴장한 한두 군데 때문에 신체 나머지 부분을 방치해서는 절대 안 된다. 긴장한 부위에 시간을 더 쏟는 대신 다른 부위에 쏟는 시간을 절약하라. 하지만 너무 아끼는 것은 좋지 않다. 살아있는 신체 조직은 서로 연결되어 하나의 개체를 이루며, 몸의 여러 부위는 보통 깨닫는 정도보다 훨씬 더 많이 의존하고 반응하는 하나의 개체이다. 긴장을 풀어줄 때, 그리고 그 외 모든 마사지의 측면에서 볼 때, 다른 무엇보다도 먼저 지켜야 할 한 가지 규칙은 신체를 하나의 개체로 간주하라는 것이다.

긴장, 불편 및 간지러움

테이블 위에서 심하게 긴장하거나, 신체적으로 불편함을 느끼고 간지러움을 타면
좋은 마사지를 시술하는 과정에서 항상 장애가 된다. 이런 장애를 끝까지 극복하지
못할 때도 있지만, 둘러서 가는 방법을 찾을 수는 있다. 알고 있으면 좋은 몇 가지
조치와 방법을 알아보자.

마사지에 대한 긴장은 여러 형태와 종류로 나타난다. 먼저 마사지 받기를 원하는
대부분의 사람들은 마사지에 불편함을 느끼지 않는다. 그러나 어떤 사람들은,
그리고 마사지 받기를 좋아하는 사람 중에서도 발가벗는 것에 대해서는 긴장된
반응을 보인다.

다행히도 이것은 아주 쉽게 대처할 수 있다. 한 가지 간단한 방법은 피술자가 배를
대고 누웠을 때 엉덩이에 타월을 덮고, 등을 대고 누웠을 때는 생식기 부분을 덮는
것이다. 또 한 장의 타월로 여성인 경우에는 가슴을 덮는다.

다음으로는 시트를 타올 대용으로 사용해도 되고, 타월에 추가로 덮어도 된다. 이
방법을 쓰면 마사지를 실제로 받는 특정 부위를 언제든지 노출시킬 수 있다.

세 번째로는 피술자가 속옷이나 수영복을 입고 눕는 방법이다. 말할 필요도 없이, 이
방법으로는 시술할 수 있는 스트로크가 현저하게 줄어든다. 하지만 피술자가 너무
긴장해서 마사지 자체를 즐기지 못하는 것보다는 마사지의 질을 떨어뜨리더라도
옷을 입고 마사지하는 편이 낫다.

마사지를 할 때 또 다르게 나타나는 긴장의 형태는 터치를 할 때 보이는 불편한
반응이다. 이러한 두려움은 발가벗었다는 두려움과 함께, 그와는 또 다른 종류이며
성격적인 면에서 비롯된다. 이 반응은 처리하기가 좀 더 어렵다. 때로는 터치를 했을
때 신체가 딱딱해지고 수축되는 현상으로 나타나고, 때로는 떨림, 그리고 때로는
단순히 마사지 진행을 명백히 거부하는 반응으로 나타난다.

피술자가 이 정도의 긴장으로 반응할 경우, 시술자가 할 수 있는 일은 크게 없다.
한 가지 가능한 단계는, 앞선 챕터에서 언급한 적이 있지만, 시술하던 신체 부위를

놔두고 등으로 가는 것이다. 신체 다른 어느 부위보다 등에서 마사지를 하면 대개는 즉시 진정 효과를 볼 수 있다.

도움이 될 때가 있는 다른 방법으로는 피술자의 호흡을 관리하는 데 몇 분 보내는 것이다.

먼저 테이블에 받쳐진 자신의 무게를 느끼라고 청한 다음 1~2분 그대로 지켜본다(즉, 접촉을 하지 않는다). 그런 다음 신체 내부에서 일어나는 호흡의 움직임을 따르면서 호흡을 강제로 조절하지 말고 내버려두라고 청한다. 최대한 길고 자연스럽게 호흡을 하면서, 몸통 구석구석 깊은 곳까지 흘러가도록 놔두라고 한다. 그렇게 1분 남짓 지켜본 다음, 한 손을 피술자의 목 뒤쪽에, 다른 한 손은 갈비뼈 바로 아래의 배에 가볍게 놓는다. 호흡을 잘 관찰하면서, 피술자가 숨을 내쉴 때 배 위에 올린 손을 가볍게 누르고 들이쉴 때는 힘을 뺀다. 손을 다른 어느 곳으로도 가져가지 말고, 접촉을 떼지 말고 힘을 줬다가 빼기만을 반복한다.

이는 피술자로 하여금 호흡을 자연스럽고 더 깊게 하려는 의도이다. 손으로 이것을 도와주는 것이다. 피술자가 숨을 내쉴 때마다, 날숨이 끝났다고 보이는 순간 직후에 가볍게 아래로 더 누른다. 그리고 들이쉴 때마다 거의 접촉을 뗄 정도로—그러나 아예 떼지는 말고—힘을 최대한 뺀다. 또 피술자의 호흡이 더 깊어졌다고 보이면, 손을 배의 좀 더 아랫부분으로 가져간다. 그러면 피술자의 호흡을 골반 쪽으로 더 유도할 수 있고, 훨씬 더 많이 이완시킬 수 있다.

여기서 피술자는 시술자의 터치를 더 편안하게 받아들이게 되었음을 알아차릴 수 있을 것이고, 시술자는 안전하게 마사지를 다시 시작할 수 있다. 손을 신체 다른 부위로—머리, 어깨, 손으로—가져간다. 그리고 각 부위에서 호흡을 몇 번 할 동안 숨을 내쉴 때 가볍게 누르고 들이쉴 때는 힘을 빼는 같은 패턴을 반복한다. 하지만 피술자가 접촉을 심각하게 거부할 때는 이와 같은 일반적인 몸으로 하는 설득은 효과를 보기가 어렵다.

때로는 신체가 좋은 마사지를 받을 때 이완됨으로써 반응하는 감정은 여러 가지로 나타날 수 있다. 예를 들면, 슬픔이다. 피술자는 어떤 지점에서 무심코 울고 있거나 울고 싶은 감정을 느낄 수 있다. 이 현상을 감지하게 되면 마사지를 잠시 중단하고 피술자로 하여금 울고 싶은 만큼 마음 놓고 울라고 청한다. 몇 분간 울고 나면 그는 다시 마사지를 받고 싶어할 것이다─그러면 마사지의 나머지 과정에서는 실제 놀라울 정도로 차분하고 진정된 상태에서 시술을 받을 것이다.

이러한 현상으로 드물지만 또 다른 예는, 자신도 모르게 떠는 반응이다. 갑자기 살이 제어할 수 없을 정도로 몇 분간 떨리는데, 이는 그동안 수축된 근육과 조직에 묶어두었던 신체의 에너지가 빠르게 풀려나면서 나타나는 현상이다.

보통 이 현상은 배나 허벅지 부위에서 나타난다. 마사지 초반에 긴장 때문에 보이는 더 불안하고 갑작스러운 떨림과 달리 이 떨림은 마사지 과정의 일부라고 볼 수 있는 신체의 아주 이로운 반응이며 감정의 이완이다. 피술자에게는 그대로 내버려 두라고 청한다. 두려워하지 말고 즐기면서 가능하다면 그것이 신체의 다른 부위로 퍼지게 하라고 한다. 한 손은 어깨, 목 뒤, 또는 머리에 두고 다른 손은 천천히, 그리고 아주 부드럽게(즉, 아무런 압박도 가하지 말고) 떨림이 일어나는 신체 부위를 계속 마사지한다. 떨림이 계속 진행되도록 돕는 것이다─오래 지속될수록 신체는 더 많이 이완된다. 떨림이 진정된 후에 피술자는 엄청난 고요함과 생동감이 복합된 느낌을 받을 것이고 이 상태가 며칠간 지속될 것이다.

피술자가 마사지 테이블에 누워 있는 동안 보이는 신체적 불편함은 반드시 극복해야 한다. 그렇지 않으면 마사지는 할 필요가 없는 것이다. 보통 두 가지 해결책이 있다. 피술자로 하여금 누운 자세나 누운 자리를 바꾸라고 하는 것이다. 예를 들어, 임신한 여성(참고로, 임신부는 일반인보다 마사지를 통한 이익을 훨씬 많이 얻는다)은 등을 마사지할 때 배를 대고 누울 수 없다. 또 배를 대고 누웠을 때 고개를 한쪽으로 돌려야 할 때 목에 큰 통증을 느끼는 사람도 있다. 이때는 머리와 가슴 상부 모두를 받칠 수 있는 베개를 대어 목을 덜 돌리거나 아예 안 돌려도 되게끔 한다. 그 밖의 문제도 이와 같은 방법으로 다룰 수 있다─베개는 이러한 문제에 자주 큰 도움이 된다.

마사지의 골칫거리인 간지러움이라는 반응도 있다. 보통은 발바닥을 마사지할 때 일어나고, 때로는 배와 몸통 측면, 또 어떤 때에는 그 외 예상하지 못했던 부위에서 피술자가 간지러움을 느낀다. 한 가지 해결책은 압박을 세게 가하는 것이다. 아주 세게 누르면—너무 세게 눌러서 피술자가 고통을 느낄 정도로—보통 간지러움은 사라질 것이다. 그래도 사라지지 않으면 해당 신체부위 전체에 빠른 스트로크를 한 번 시술한다. 패배를 인정하고 다른 부위로 옮겨가도록 한다.

음악과 함께하는 마사지 및 기타 방법

마사지 터치를 더욱 자연스럽고 자신 있게 할 수 있는 세 가지 간단한 연습이 있다.

첫 번째로, 음악에 맞추어 마사지를 한다. 앞서 일반적인 규칙으로 마사지를 할 때 음악을 틀지는 말라고 했었다. 표면적으로는 기쁨을 주지만 더 깊은 곳에서는 피술자가 오히려 방해를 받는 경우가 더 많기 때문이다. 하지만 음악은 마사지 테크닉을 향상시키는 아주 유용한 수단이 될 수도 있다.

음악의 리듬에 맞추어 스트로크에 리듬을 부여하고자 하는 목적 때문이다. 다양한 리듬을 가진 곡들 중 좋아하는 음악 몇 개를 선택한다. 피술자에게 이 음악을 듣고 있어도 괜찮겠는지 확인한 다음 음악을 틀고 마사지를 시작한다. 곧바로 손을 음악에 따라 움직이려고 해서는 안 된다. 그저 하던 대로 스트로크를 구사하고, 동시에 자신을 음악에 동화시킨다. 잠시 후 손은 스스로 알아서 새로운 패턴에 빠져들어 새로운 속도로 움직일 것이다. 다른 음악으로도 실험하도록 한다. 새로운 리듬은 새로운 미묘한 기법을 알려줄 것이다.

두 번째 연습은 마사지를 하면서 '춤추는' 것이다. 음악이 있어도, 없어도 가능하다. 피술자로 하여금 배를 대고 눕게 한다—참고로, 이 연습은 바닥에서 시술할 때는 효과가 아주 떨어진다—그리고 오일을 신체의 드러난 표면 머리부터 발끝까지 펴 바른다. 그런 다음 손을 신체 위아래로 움직이기 시작한다. 이 순간만큼은 피술자에게도, 손에도 집중하지 말고 완전히 시술자 자신의 신체와 움직임에 온 신경을 쏟는다. 춤을 즐기는 것이다! 하고 싶은 대로 움직이고 흔든다(단, 손의 접촉을 떼면 안 된다). 여러 리듬과 패턴으로 실험할 만큼 한다.

시술자 자신의 몸이 얼마나 마사지의 움직임과 연관되어 있는지 알게 되어 놀랄 것이다. 시술한 후에는 피술자에게 느낌이 어땠는지 묻도록 한다. 피술자보다는 시술자 자신의 기분에 너무 깊이 집중해 있었기 때문에 피술자의 대답에 또 한 번 놀랄 수도 있다.

마지막으로, 어렵지만 반드시 보상을 해 주는 연습이다. 마사지를 완전히 깜깜한 데서 실시한다. 오일병을 찾는 것부터 오일을 바르는 것까지, 오로지 촉감만으로 모든 것을 한다. 실수를 하고 서투르겠지만, 손을 살아있게 하는 데 이 연습이 얼마나 도움이 되는지 모른다.

이를 변형한 것으로, 훨씬 어려운 연습이 있다. 이전에 한 번도 본 적이 없고 알지도 못하는 피술자를 어둠 속에서 기다리는 것이다. 매우 어려운 시험이지만—아주 많은 것을 가르쳐줄 것이다!

마사지 경력이 아무리 많이 쌓여가도, 계속 새로이 깨닫게 되는 것들과 함께 수시로 이 연습들을 꼭 하기를 바란다. 반드시 그 속에서 또 새로운 깨달음을 얻게 될 것이다.

10분 마사지

10분 안에도 마사지를 할 수 있다.

짧은 시간이라 마사지 전 코스를 할 수는 없지만 매 분을 소중하게 여긴다면 누군가의 느낌을 놀랍도록 키워줄 수 있다. 보통 10분 마사지를 세 가지 방법으로 시술한다. 한 가지는 개인적인 일반 마사지 스타일인데 신체의 한 곳 내지 두 곳만 시술하는 것이다. 예를 들어 10분간 등만 마사지하는 것이다.

아니면 5분을 머리에서 하고 5분을 발에서 한다. 등, 머리, 목, 그리고 발이 간단한 마사지로 보통 가장 효과를 보는 부위이다. 누군가를 매일 마사지하기로 했을 때, 매일매일 신체의 다른 부위를 한 번씩 시술하면 된다. 또 다른 방법은 전신을 커버하는 것인데, 평소 하나나 두 개의 스트로크를 각 부위에 시술한다(예를 들면 메인 스트로크). 이 방법은 마사지를 주기에도 받기에도 조금 바쁘지만 그래도 가끔 이 방법을 쓰게 된다. 한번 해 보고 어떨지 결정하기 바란다.

세 번째 방법은 신체의 앞부분이나 뒷부분 어느 한 면에만 전신 스트로크를 사용하는 것이다. 이 방법이 느낌이 가장 좋고, 피곤한 피술자에게 에너지를 재빨리 북돋아줄 때 특히 괜찮은 방법이다. 레이킹(전신 스트로크 1번)을 10분간 하거나 양손의 엄지와 검지를 펴서 10분간 시술하면(전신 스트로크 5번) 특히 효과적이다. 팔에도 시술한다.

10분 마사지는 이게 끝이다. 마지막으로 중요한 정보를 알려주자면, 부부나 식구, 한 지붕 아래 같이 거주하는 사람들과 하는 10분 마사지는 뭔가 특별한 길로 안내하는 문이 된다. 그와 마사지를 매일 하라. 다시 말하면, 하루 동안 마사지 전 코스를 할 시간과 의지가 있다면―다른 날에는 10분만 해도 괜찮다는 것이다. 물론 매일 10분도 어쩌면 힘들 수 있다. 그리고 일상이 바쁜 사람이라면 습관을 들이기 전에는 10분 마사지가 대단히 어려울 것이다. 그러나 장담컨대 세상 어떤 일도 이처럼 적은 노력으로 큰 변화를 가져오지는 못한다. 시간이 지날수록 인생의 기분과 박자가 달라질 것이다. 자신에게 기회를 한번 줘보라. 후회하지는 않을 것이다.

두 사람이 마사지하기

한 사람에게서 마사지를 받아본 결과 괜찮았다면, 두 사람에게서 또 한번 받아보라. 단, 올바른 방법으로 마사지가 되어야 한다.

핵심은 균형과 조화다. 마사지를 하는 두 사람은 마사지 받는 사람에 대하여 서로에게 완전히 동화되어야 한다. 그렇지 않으면 두 사람에게서 마사지를 받는 느낌은 그리 좋지 않을 것이다.

두 사람이 마사지를 시작하는 좋은 방법은 다리의 앞부분이나 뒷부분에서 메인 스트로크로 시작하는 것이다. 이 스트로크는 광범위하게 진행할 수 있어서 마사지를 하는 두 사람이 상대방의 파장을 파악할 좋은 기회가 된다.

각자 피술자의 발에서 시술하는 것으로 시작할 수 있다. 한 손을 발바닥에 대고 다른 손을 발등에 놓는다. 그리고 호흡을 팔을 통해 손으로 보낸다(느낄 수 없으면 상상한다). 그 상태로 잠시 머무른다. 다음으로 오일을 바르고 메인 스트로크를 시작한다. 각자 잡고 있었던 발의 다리를 맡는다.

메인 스트로크를 시작했으면, 움직임과 리듬을 가능한 한 같게 유지하는 것이 중요하다. 사전에 둘 중 하나가 주도하고 다른 하나가 따라가기로 정하면 된다—두 사람이 같이 마사지를 해본 적이 없다면 이 방법이 가장 좋을 것이다. 아니면 누가 주도하거나 따라가지 않고 그저 움직임을 정확히 똑같이 유지한다.

같은 속도로 다리 위로 진행하여, 먼저 무릎을 지나고 허벅지 맨 위에서 둘이 동시에 손을 분리시킨다. 특정한 신호로 동일한 세기의 압박을 가하고 있다는 사실을 인지하고 있어야 한다(각자 서 있는 방법, 각자 맡은 쪽의 손이 다리의 살을 누르는 방식 등).

천천히, 서로를 생각하면서 해야 한다. 피술자는 한 명이 상대방을 얼마나 잘 듣고 있는지 정확히 느낀다—그리고 동시에 서로가 얼마나 조화를 이루는지도 똑같이 느낄 것이다.

여기서 아이디어를 개발할 수도 있다. 일반적으로 팔, 손, 다리, 발에서는 움직임을 일치시키기가 쉽다. 혼자서 하는 데 익숙한 마사지 스트로크를 둘이서 같이 실시한다. 그러나 가슴, 배, 궁둥이, 등에서는 상황이 달라진다. 이 부위에서는 같은 방식으로 둘이서 할 수 있는 스트로크가 몇 개 있지만(어떤 스트로크가 있는지 곧 알려주겠다), 나머지는 해당 부위에 시술하는 그 사람만이 시술해야 한다. 머리와 목도 마찬가지로 전적으로 한 사람에게 마사지를 맡기는 것이 좋다.

이때 결정을 해야 한다(역시 사전에 합의하도록 한다). 둘 중 하나가 몸통이나 머리 어느 한 부위에서는 혼자 시술하고 있는 동안 다른 사람은 옆에 서서 기다리거나, 동시에 다른 부위로 진행하는 것이다. 물론 후자의 경우 더 이상 둘이 동시에 시술하는 것이 아니게 된다.

각 방법마다 장점이 있다. 한 사람이 끝날 때까지 서서 기다리는 경우, 피술자는 혼란을 겪지 않는다. 방해를 받지 않고 현재 받고 있는 마사지에 계속 집중할 수 있다. 반면에 다른 한 사람이 동시에 다른 곳에서 시술하기로 결정했다면, 2인 마사지의 독특함을 느낄 수 있다—피술자는 이제껏 즐기던 '접촉 에너지'의 절반을 갑자기 상실하지 않는 것이다.

대부분의 피술자가 두 번째 방법에는 감각이 과도하게 느껴져서 첫 번째 방법에 조금 더 편안해한다는 사실을 알게 되었다. 하지만 두 번째 방법을 확실히 선호하는 사람들도 있다. 두 사람이 어떤 시술 방식이 좋을지와 피술자가 가장 즐기는 방식이 무엇인지 생각해서 스스로 선택해야 한다. 단, 한 가지 예외로, 많은 사람들이 머리와 발, 몸의 양쪽을 동시에 마사지 받기를 좋아하는 것 같다.

물론 몸통 앞이나 뒤에서도 동시에 시술하는 몇 가지 방법이 있기는 하다.

몸통 측면을 당기는 시술(등 부위의 스트로크 4번)은 피술자가 등을 대고 누워 있든 배를 대고 누워 있든 둘이서 동시에 하기에 아주 효과가 좋다.

각자 테이블 반대편에 서서 피술자의 몸을 가로질러 반대편 측면으로 손을 뻗는다. 한 팔을 파트너의 팔 사이에 넣고 팔 네 개를 가까이 붙인다―닿을 듯 말 듯할 정도로 가까이 둔다. 스트로크를 일정하게 느린 속도로 진행하고 속도를 일치시킨다.

괜찮은 또 다른 스트로크는, 한 사람은 테이블의 머리맡에 서서 몸통의 앞 또는 뒤에 메인 스트로크를 실시한다(가슴과 배 부위의 스트로크 1번, 등 부위의 스트로크 1번). 다른 한 사람은 테이블의 발치에 서서 양쪽 다리에 메인 스트로크를 실시한다(등으로 진행하지 않는 전신 스트로크 6번). 네 개의 손이 동시에 같은 방향으로 움직이는 것이 목적이다. 즉, 한 사람은 상대방을 기다린 후 스트로크의 처음 절반을 끝냈을 때 다시 시작하는 것이다. 다시 말하면, 한 쌍의 손이 몸통 측면에서 어깨로 진행하는 동안, 다른 양손은 다리에서 엉덩이로 진행하고, 그 반대의 순서로도 하는 것이다.

또 다른 스트로크는 등과 궁둥이에 하는 시술인데, 자이언트 핸드(Giant Hand)라고 한다. 네 손 손가락을 그림과 같이 서로 깍지 낀다. 이렇게 하면 매우 큰 손과 같은 모양이 되어 모든 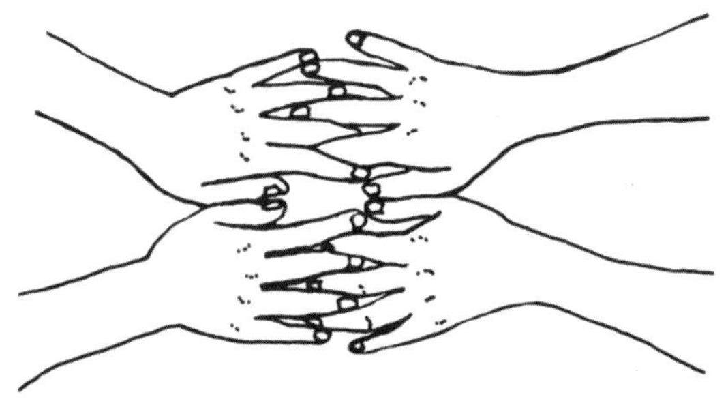 방향에서 앞뒤로 스트로크를 실시할 수 있다. 이 시술은 기분이 아주 좋다.

이외에도 이 책에서 소개한 스트로크 중 두 사람이 한 번에 할 수 있는 전신 스트로크는 아주 많다. 레이킹을 한번 해보라. 메인 스트로크를 한쪽 다리 위로

진행하고 계속하여 등을 지나간다. 베어 워크도 할 수 있다. 한 손으로 엄지와
검지를 펴서 긴 스트로크를 할 수도 있고 깃털 스트로크도 가능하다.
마지막으로, 네 개의 손이 각자 다른 패턴으로 잠깐 '훑는다'. 이것은 2인 마사지를
마무리할 때 아주 좋다.

앞서도 말했듯이, 이 시술을 마사지 처음에 하게 되면 많은 피술자들은 마치 몸이
여러 갈래로 분리되는 것처럼 불편해한다. 그러나 마지막에 하게 되면 훨씬 기분이
좋아진다. 그 한 가지 이유는 피술자의 몸이 전보다 많이 이완되었고 개방되었기
때문이다. 다른 이유는 두 사람에게서 동시에 터치를 받는 이상한 느낌이 사라졌기
때문이다.
가끔 더블 마사지를 실시하라. 하기에 재미도 있을 뿐만 아니라 마사지를 더
다양하게 시도할 수 있다. 더블 마사지는 음악에 맞추어 마사지하는 것과 비슷하다.
파트너의 마사지 리듬을 따라감으로써 자신만의 새로운 가능성을 깨달을 수 있다.
마지막으로 덧붙이자면, 2인 마사지는 시술자가 연인이나 부부의 경우 특히 좋은
경험이 된다. 제3자를 위하여 서로를 배려하는 행동과 동시에 요구되는 서로에 대한
세심함으로 새롭고 강력한 방법으로 친밀감을 경험할 수 있는 공간이 창조된다.

셀프 마사지

자신이 스스로의 안마사가 되는 것은 연인에게 마사지를 해주는 것과 비슷하다.
마사지가 가능하지만, 어떻게 보면 같은 마사지는 되지 않는다.

몇 가지 문제가 있는데, 가장 큰 문제는 손이 닿지 않는 부위가 있다는 것이다. 다른 문제는, 마사지를 할 수는 있겠지만 올바른 기법과 힘으로 되지는 않는다는 것이다. 그래도 이것은 어려운 정도도 아니다. 더 중요한 사실은 피술자가 편히 쉴 수 없다는 것이다. 신체의 다른 부위가 바삐 움직이면 어느 부위도 완전히 이완할 수 없다. 신체는 긴밀히 연결되어 있기 때문이다.

또 시술자의 주의도 분산된다. 마사지를 할 때 주의는 손의 움직임에 집중해야 한다. 그리고 마사지를 받을 때는 스스로가 관리를 받는 대로 내버려두는 데 집중해야 한다. 이를 동시에 하기란 어느 쪽도 포기하지 않는다는 뜻이므로, 이렇게 되는 마사지는 도움도 되지 않는 피상적인 정도에 머무르고 만다.

그러나 무엇보다도 중요한 점은 스스로를 마사지할 때 에너지의 소통과 교환이 일어날 수 없다는 것이다. 마사지의 표현력은 사라지고 남는 것은 그저 기계적인 무언가이다. 물리적 기술일 뿐 그 이상이 아닌 것이다.

이 모든 점에도 불구하고 셀프 마사지는 훌륭하다.

무엇보다도, 피곤하고 기력이 없을 때 때로는 셀프 마사지가 신체를 깨우는 데 도움이 된다. 두 번째로, 자기 자신과 이런 종류의 건강한 신체적 관계는 그 자체의 심리적 보상을 가져온다. 자신의 신체를 접촉하는 법을 배우는 것은 그것을 받아들이는 법을 배우는 좋은 수단이다. 마지막으로—이것이 셀프 마사지를 하고자 하는 모두에게 가장 귀중한 가치인데—마사지의 좋은 느낌과 그렇지 않은 느낌이 무엇인지를 깨달을 수 있다. 셀프 마사지는 숨겨진 뼈와 근육의 구조와 압박이 셀 때와 약할 때의 효과에 대해서, 그 밖에도 많은 것을 알려준다. 귀중한 탐구와 피드백으로 셀프 마사지를 이용할 수 있다. 자신의 몸에 대해서 더 많이 알수록 다른 사람의 몸에 대해서도 그만큼 알게 될 것이다.

셀프 마사지의 가장 훌륭한 기법은 손가락으로 세게 주무르기와 꼬집기, 그리고 때리기이다. 오일은 필요 없다. 오일을 필요로 하는 스트로크 종류는 셀프 마사지에서는 힘이 부족해서 할 수가 없다.

구체적인 방법에 대해서는 그다지 알려줄 것이 없다. 그저 할 수 있는 부위에다가 누르고, 찌르고, 꼬집는다—탐구하고 실험하는 것이다. 몇 가지 시도해볼 만한 것들을 소개한다.

얼굴과 두피. 등을 대고 눕거나 앉는다. 등을 대고 눕는 것은 얼굴에 좋고, 앉는 자세는 두피에 좋다. 얼굴에는 타인에게 마사지할 때 쓰는 거의 모든 시술을 할 수 있다. 그 대신 이마에는 엄지 말고 손가락 끝을 사용한다. 두피에는 손가락 끝으로 활발히 문지른다.

목과 등 상부(1). 등을 대고 눕는다. 손가락 끝으로 척추 바로 양 옆을 최대한 세게 누른다. 손가락 끝으로 누르면서 조금씩 지압한다. 손이 닿는 데까지 최대한 아래에서 시작한다(견갑골 상부 정도의 지점보다 더 아래로는 내려가지 못할 것이다). 다음으로는 견갑골 바로 위에서 척추 바깥에서 어깨 방향으로 같은 시술한다.

목과 등 상부(2). 의자에 앉는다. 먼저 머리를(오직 머리만) 최대한 앞으로 숙인다. 그런 다음, 손가락으로 두개골 맨 아래 부위의 밑을 세게 누르면서 작은 원을 그린다. 척추 한쪽에서 약 50mm 떨어진 지점에서 다른 쪽으로 약 50mm 떨어진 지점까지 진행한다. 그런 다음, 머리를 다시 세우고 한쪽 팔과 어깨를 최대한 늘어뜨린다.

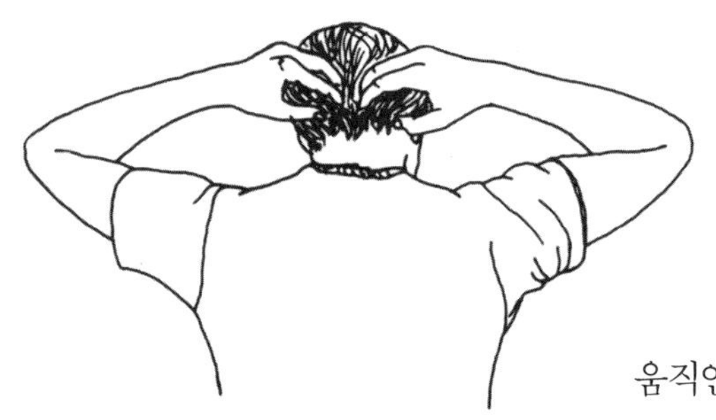

반대쪽 손의 손가락 끝으로 견갑골 상부의 바로 위를 세게 누른다.

누를 때는 손가락 끝을 약간씩 움직인다. 어깨에서 시작하여 척추 쪽으로 천천히 견갑골 상부 전체를 진행한다. 견갑골에서 척추에 가장 가까운 쪽을 따라 닿을 수 있는 곳까지 최대한 내려간다(그리 멀리까지 진행하지는 못한다).

가슴. 앉거나 누운 자세에서 손가락 끝으로 주무르고 누른다.

배. 손바닥으로 둥글게 문지른다. 그런 다음 손가락 끝으로 부드럽게 누르고 주무른다.

몸통 옆 부분. 주무르고 문지른다.

등 중간과 하부. 이 부분이 어렵다. 동물들은 나무에 대고 몸통을 문지르는 기찬 아이디어를 발휘한다. 우리는 서서 엄지 끝으로 척추 양 옆을 최대한 세게 누르는 것이 가장 효과적이다. 척추 맨 아래 부위에서 25~50mm 떨어진 위에서 시작한다. 약 5초 동안 누른 다음 엄지를 25~50mm 정도 옮겨가서 다시 누른다. 이렇게 등 중간 닿을 수 있는 지점까지 진행한다.

다리(1). 바닥이나 침대에 다리를 뻗고 앉는다. 손가락 끝으로 주무르고 누른다.

다리(2). 등을 대고 다리를 벽이나 가구에 위로 뻗고 눕는다. 한쪽 발은 손에 닿을 정도로 내린다. 발에서 아래 방향으로 진행하는데, 발과 다리 전체를 주무르고 꼬집으면서 진행한다. 하고 싶은 만큼 반복하되, 아래 방향으로만 진행한다(정맥이 심장으로 흐르도록 도와준다).

궁둥이. 서거나 배를 대고 누운 자세에서 주무른다.

발. 이 부위는 마사지를 가장 능률적으로 할 수 있다. 특히 발바닥에 좋다. 의자에 앉아서 한쪽 발을 다른 쪽 허벅지에 올린다. 이 각도에서 발바닥 전체에 많은 힘을 주어 꼼꼼하게 마사지를 한다. 그런 다음 손가락과 엄지로 발 나머지 부위를 마사지한다. 발가락도 빼놓지 않도록 한다.

전신. 때려라! 몸 구석구석 손이 닿는 모든 부위를 때린다. 얼굴도 때리되, 힘을 많이 뺀다. 이 마사지는 다른 셀프 마사지보다 훨씬 재미있다― 빠르기도 하다.

혼자서 할 수 있는 마사지는 셀프 마사지가 아니라 하타 요가가 진정 효과가 있다. 그러나 이런 의견에도 불구하고 셀프 마사지로 놀라운 효과를 보았다면, 요가가 같은 효과를 주는지, 아니면 훨씬 효과가 큰지 한번 연구해보고 싶을 것이다.

동물 마사지

애완동물에게도 마사지를 해주라. 동물들도 마사지를 참 좋아하고, 동물한테
마사지를 하면 배울 점도 있다. 선천적으로 마사지 감정가인 동물들은 부적절한
마사지를 받으면 바로 피드백을 보낸다. 올바로 마사지하면 녀석들은 바닥에 대자로
뻗어 누워버린다. 그러나 마사지를 잘못 해주면 시술자를 물거나 발톱으로 시술자의
손을 치우려고 한다.

동물을 마사지할 때 가장 큰 규칙은 뼈의 구조를 탐색하라는 것이다. 아마도
사람과는 많이 다른 해부학적 구조라는 것을 알게 될 것이다. 이들 뼈가 어떻게
움직이고, 모양은 어떻게 생겼고, 어떤 친숙한 마사지 기법으로 그곳에 적용할 수
있을지 알아내보라.

몇 가지 팁을 알려주겠다.

동물의 척추에 특히 집중한다. 척추 양쪽을 달리는 두 개의 고랑을 마사지하면 거의
대부분 효과가 있다.

두개골 아래 부분을 놓치지 않는다. 이곳은 척추만큼 반응이 명확한 곳이다. 이곳에
마사지를 했을 때, 동물도 사람과 마찬가지로 이곳에 긴장이 많이 모인다.

견갑골 전체를 탐색한다. 견갑골과 척수 사이에 깊이 고랑 진 부위가 좋다. 항상
처음에는 부드럽게 누르고, 차츰 세기를 더하도록 한다. 동물은 시술자가 올바른
부위를 찾았다고 느끼면 놀랄 정도로 세게 눌러도 가만히 있을 것이다.

배 마사지를 할 때는 동물마다 반응이 상당히 다르다. 어떤 동물은 배를 건드리는
것을 싫어한다. 반면 배를 가볍게 주무를 때 만족하는 동물도 있다.

전반적으로 터치를 지속적으로 집중하고 분명하게 유지한다. 동물은 거의 곧바로
마사지에 동화되기 때문에, 시술자가 마사지를 제대로 하고 있다고 느끼면 곧바로
시술자를 신뢰하게 된다.

말과 소, 또는 쥐나 카나리아에는 시도해본 적이 없지만, 분명 마사지는 이들도 좋아할 거라고 본다.

모든 생물체는 서로 연결되어 있으니까.

연인 마사지

책을 펴자마자 혹시 이 챕터로 제일 먼저 오지 않았는가?

그랬다면, 자신이 마사지를 잘 할 줄 아는 사람이라 할지라도 이 말에 놀랄지도 모르겠다. 일반 마사지와 성적인 마사지는 완전히 별개의 경험이고, 차이점이 너무나도 많다. 마사지를 많이 주고 받을수록 두 마사지의 차이점을 더 많이 알게 될 것이다. 하나는 감각적이고, 다른 하나는 성적이다. 하나는 신체를 차분하게 하고, 다른 하나는 신체를 자극한다.

연인이나 배우자와 교환하는 일반 마사지는 언제는 아름다운 활동이다. 그러나 사랑하는 사람과 마사지를 하게 되면 분명 다른 길로도 안내하게 된다. 지금까지 알던 그 어떤 것보다도 더, 마사지를 통해서 둘 모두 육체적으로나 정신적으로 더욱 충만한 섹스를 할 수 있다. 예를 들어, 성관계에 어려움을 겪는 부부에게 마사지는 육체적 관계에서 찾지 못했던 상호 신뢰감과 편안함이라는 중요한 요소를 더할 수 있다. 이런 발견을 한 부부를 아주 많이 봐왔다. 성관계가 이미 충분히 만족스러운 부부에게 마사지는 형용할 수 없을 정도의 풍요로움을 주는 수단이 된다.

성적인 마사지의 핵심은 짐작하다시피 생식기를 세심하게 마사지하는 것이다. 당연히 이 부위의 감각은 아주 예민하고, 생식기 마사지만으로도 성적 마사지의 일부로 충분하다—그러나 일부라는 점을 명심한다. 성적 마사지의 주안점은 약간 달라야 한다. 몸 전체에 활기를 불어넣고 성적으로 자극하는 것이다. 이 경험만으로도 섹스를 완전히 새로운 경지에, 한층 강화된 경지에 이르게 할 수 있다.

그렇다면 마사지를 어떻게 해야 할까? 성적 마사지는 단계별로 진행해야 한다는 것이 정답이다. 각 단계들의 구분을 정확하게 짓기는 어렵고 여기서 언급하는 순서대로 반드시 따라야 할 필요도 없다. 중요한 점은 각 단계를 생략하지 않아야 하고, 매 단계에서 느긋하게 집중해야 한다.

첫 번째는 일반 마사지다. 상대방에게 책 앞에서 소개한 전신 마사지를 실시한다. 원한다면 간단하게 해도 괜찮지만, 몸 모든 부위를 꼼꼼하게 커버해야 한다.

다음으로 손가락 끝으로 전신에 깃털 스트로크를 실시한다. 일반 마사지 마지막에 이 시술을 조금 하라고 권했었다(전신 스트로크 6번).

그러나 성적 마사지에서는 좀 더 길게 시술한다. 10분, 20분, 그 이상도 괜찮다. 이 스트로크는 상대방의 전신에 걸친 성적 민감도를 상당히 높여 준다. 일반 마사지를 다 끝낼 때까지 기다릴 필요 없다. 동시에 부드러운 스트로크를 첨가하면서 차츰 그 양을 늘려가도 된다.

다음 단계는 생식기와 신체에서 성적 기분을 고조시키는 부위에 더 많이 집중하는 것이다. 골반 부위와 바로 인접한 부위—배, 허벅지 안쪽, 궁둥이, 등 하부—와 유방이 그런 곳이다. 또한 귀, 입술, 목 뒤, 손바닥, 팔꿈치 안쪽, 겨드랑이, 발바닥, 엄지발가락, 무릎 뒤쪽에도 마사지를 해준다—이 모든 부위가 성적 전율에 쉽게 반응한다. 이 부위에 일반 마사지도 가미하면서, 원할 때마다 부드러운 스트로크로 되돌아간다.

다음은 가장 중요한 단계이다. 생식기를 신체 나머지 부위와 연결하는 것이다. 즉, 생식기를 가볍게 터치하거나 스치듯 지나가서 곧장 신체의 다른 부위로 가는 스트로크를 실시한다. 이 스트로크의 효과는 특히 전신에 부드러운 스트로크를 한 후에 더 잘 나타나며, 보통 생식기와 관련하여 고조된 성적 흥분이 신체 다른 부위로도 점차 퍼져 나가게 하는 것이다.

마지막 단계는 당연히 상대방의 생식기에 집중하는 것이다. 손가락 끝으로 가볍게 누르면서, 천천히 주의하여 생식기 부위 전체에 마사지를 실시한다. 전 면적을 작은 원을 그리면서 커버하면서, 한 손가락 끝으로 각 두드러진 부위의 형체를 따라 그리는 식으로 진행한다. 상대방을 자극할 뿐 아니라—이 마사지로 자신도 자극을 받는다—상대방이 자신의 생식기가 신체의 다른 부위와 마찬가지로 주의와 보살핌을 받을 가치가 있는 신체의 일부임을 느끼도록 하는 데 집중한다.

성적 마사지에는 어떤 스트로크와 기법을 써야 할까? 대부분의 부위에 이미 배웠던 일반 마사지를 적용하는 것이 쉽다. 그저 자신의 본능과 직관을 따르도록 한다.

사랑하는 사람과 성적 마사지를 할 때에는 상상력이 시술자가 가진 가장 중요한 기관이다. 좀 더 구체적인 권장사항을 알려주겠다(참고로, 소개하는 마사지는 이 책에서 마사지하는 법을 익히지 않았다면 감흥이 덜할 것이다).

깃털 스트로크를 실시할 때는 손가락 끝이 상대방의 피부를 간신히 쓸어가도록 손을 움직인다. 상대방의 신체 전체를 올라갔다가 내려온다. 때로는 천천히, 때로는 좀 더 빨리 한다. 때로는 직선으로, 때로는 굴곡과 원, 나선 등을 그리면서 간다.

깃털 스트로크를 변형하는 방법으로, 한 손의 손가락 끝만 사용한다. 천천히 몸 전체를 마사지한다. 손 전체를 사용하는 것보다 느낌이 훨씬 덜해 보이지만, 상대방은 분명 다른 느낌을 경험할 것이다.

남성이나 여성의 가슴에 추가할 수 있는 좋은 스트로크이다. 양손 엄지 끝을 유두 바로 양 옆에 놓는다. 가볍게 누르면서 양 엄지 끝은 곧바로 바깥으로 동시에 그려 나간다(단, 반대로 이동한다). 여성의 경우 유방의 가장자리에 도달했을 때, 남성의 경우 엄지가 약 125mm 정도 떨어졌을 때 멈춘다. 그런 다음 엄지를 다시 유두로 가져간다. 마치 바퀴의 바퀴살을 그리듯이, 약 25mm씩 거리를 두어 같은 스트로크를 반복한다. 이렇게 양 엄지로 총 8개 정도의 동시 스트로크를 유방 전체에 실시한다.

발에 하는 마사지이다. 한 손가락으로 천천히 양 발가락 사이사이를 나갔다가 들어오면서 진행한다.

다리 뒷부분에 메인 스트로크를 실시할 때 손을 바꾸어보라. 즉, 왼쪽 다리를 마사지할 때 왼손 대신 오른손으로 이끄는 것이다. 양손을 다리 맨 위에서 분리시키기 전 궁둥이 맨 위로 가져간다. 그런 다음 바깥쪽 손(여기서는 왼손)을

보통처럼 엉덩이로 가져갈 때, 안쪽 손은 궁둥이 사이의 약간 아래와 생식기
언저리를 지나 양손은 다리 아래 방향으로 진행하기 직전까지 진행하는 것이다.

한 손의 손가락 끝으로 꼬리뼈 끝 주위에 작은 원을 그리면서 마사지한다. 압박을
세게 가하면서 뼈가 아닌 주위 근육에 집중한다. 그런 다음 힘을 빼서 생식기 쪽으로
내려갔다가 다시 올라와 꼬리뼈 주위를 세게 압박한다.

손바닥 끝으로 리드하면서 한 손을 한 가지 동작으로 꾸준하게 생식기에서 위로,
궁둥이 사이를 지나 척추까지 가져온다. 그리고 이제는 손의 측면으로 목 뒤까지
올라간다. 이 손을 목 뒤에 그대로 두고 다른 손으로 같은 마사지를 반복한다. 두
번째 손은 첫 번째 손에 닿기 직전에 둔다. 이렇게 손을 교대로 하여, 한 손은 항상 목
뒤에 두고 나머지 한 손은 마사지하는 식으로 계속 진행한다.

한 손의 손가락 끝으로 오른쪽과 왼쪽 골반과 허벅지 안쪽의 주름에 작은 원을
그리면서 올라갔다 내려온다. 천천히 진행하고 압박은 세게 가한다. 한쪽에서 여러
번 실시한다. 그런 다음 세기를 약하게 하여 생식기로 빠르게 이동한다. 그 후,
아까처럼 골반과 허벅지 사이를 세게 누른다.

상대방의 정수리에서 한 개 손가락 끝으로 작은 원을 그린다. 회음부—직장과
생식기 사이의 동전 크기만한 지점—에서 다른 손 검지로 작은 원을 그린다. 적당한
힘을 가한다. 조화를 이루어 1분 남짓 천천히 원을 그린다.

질 마사지로, 양손 엄지 끝을 회음부에 놓는다(이전 스트로크와는 다름). 한 손 엄지
끝을 다른 손 바로 위에 놓는다. 가볍게 누르면서, 양 엄지 끝을 같이 질 안쪽
가장자리 맨 위로 곧장 가져간다. 그 다음 엄지를 서로 떼어 한 손은 오른쪽으로, 한
손은 왼쪽으로 간다. 더 세게 누르면서, 안쪽과 바깥쪽 가장자리 사이로 들어가

질로 향한다. 같은 마사지를 멈추지 않고 계속한다.

음경에 하는 마사지로, 양손 손가락 끝을 회음부에 놓는다. 검지를 떼어 한 손은
오른쪽으로, 한 손은 왼쪽으로 가져가 음낭 가장자리를 따라 음경 시작 지점까지
간다. 멈추지 말고 곧장 음경으로 진행한다. 검지 끝을 다시 아래쪽(음경이 발기
했을 때 드러난 쪽) 시작 지점으로 가져간다. 양 검지를 음경을 따라 곧장 그려
나가서 귀두를 지나 각 반대쪽으로 내려간다. 그 다음 귀두의 아래쪽 살의 아래
부위를 누른다. 손가락을 다시 떼서 귀두 언저리를 따라가 다시 음경의 아래
지점까지 돌아간다. 그 후 손가락 끝으로 다시 음경 아래로 내려가 음낭을 둘러
회음부까지 돌아간다. 멈추지 말고 반복한다.

아무리 급하더라도 서두르지 말고 여기서 시작해야 한다.

부부에게 전하는 마지막 제안이다. 성적 마사지는 원할 때 언제든지 해도 좋으나,
일반 마사지를 할 시간도 충분할 때 해보기를 바란다. 다시 말하면, 접촉의 세계에서
관계를 최대한 많은 방향으로 확장해 나가길 바란다. 그러면 또 다른 차원에서도
상대방과의 관계가 풍요로워질 것임을 보장한다.

산모 마사지

마사지는 산모를 회복시켜주는 중요한 치료 중 하나이다. 특히 모유 수유로 변화를 겪게 되는 산모의 유방은 마사지를 통해 큰 도움을 받을 수 있다.

여성의 유방은 초경이 이루어지기 전에 발육하기 시작하고, 사춘기를 지나면서 뚜렷하게 성장하여 2차 성징을 나타낸다. 여성의 성장 호르몬인 에스트로겐과 프로게스테론이 영향을 미치는 유방은 평생에 걸쳐 조금씩 변하게 된다. 소녀 때에는 젖샘이 발달하지 않다가 임신과 수유를 거치면서 젖샘이 완전히 발달하고, 폐경 후 노년기에 접어들면 젖샘 조직이 사라지고 지방으로 대체되면서 유방이 탄력을 잃고 처지게 된다. 유선 조직은 임신과 수유 과정을 거쳐야만 완전히 성숙한다.

임신 8개월이 되면 초유가 만들어지는 시기다. 이때 만들어진 초유는 출산 후 몇 번 나오는데, 면역 성분이 들어 있어 신생아가 초기 질병에 걸리는 것을 막아주므로 반드시 먹이는 게 좋다. 출산 후 모유 수유는 임신 중 영양 공급을 자연스럽게 이어주는 단계다. 모유는 아기에게 필요한 단백질, 지방, 당분, 비타민, 미네랄, 효소 등을 이상적으로 함유하고 있어, 아기의 두뇌 개발 및 성장에 반드시 필요한 최고의 영양 식품이다.
모유는 양과 질이 아기의 성장 단계에 따라 자동으로 맞추어 분비되어 아기에게 가장 이상적인 영양분이 공급되게 하며, 쉽게 소화되고 흡수율도 높아, 소화기관이 민감한 아기에게 이상적이다. 또한 모유는 각종 면역물질과 항체를 포함하고 있어 감염과 관련된 중이염이나 설사, 구토, 급성 호흡기 질환, 괴사성 장염, 세균성 뇌수막염 등에 걸릴 확률을 낮추어 준다. 모유를 먹은 아기에게는 피부질환, 알레르기 증상이 잘 나타나지 않는다.
모유는 분유보다 뇌발달을 촉진시켜 모유 먹는 아기가 분유 먹는 아기보다 IQ가

높다는 것도 이미 증명되었다. 또한 모유는 아기의 충치 발생 및 치아 배열의 문제를
줄일 수 있고, 영아 돌연사증후군의 위험도 줄여 준다. 아기가 젖을 빠는 행동은
아기의 구강 근육과 안면 골격을 발달시킬 뿐만 아니라 언어 능력을 향상시켜 준다.

모유 수유는 산모에게도 좋다. 모유의 생산과정에서 칼로리를 분해해 임신 중에
늘었던 체중을 감소시켜 준다. 또한 유방암과 난소암에 걸릴 확률을 줄여 주고,
아기에게 젖을 빨리면 옥시토신 호르몬이 분비되어 자궁을 수축시키고 산후 출혈을
예방하여 산후 회복을 도와준다. 산모의 칼슘 대사를 촉진시켜 뼈를 보호해 주고,
프로락틴 호르몬이 분비되어 산후우울증의 위험이 줄어든다. 완전 모유 수유를 할
경우 월경이 지연되어 자연피임이 된다.

산모의 유방 마사지는 가슴(기저부) 마사지와 유두 마사지로 나누어서 실시하며,
임신 7~8개월 이후부터 하루 3회, 아침, 점심, 저녁에 한 혈자리를 10번씩 마사지
한다. 출산 전후로 유선을 확장시키고 유관을 발달시키는 유선혈(乳腺穴) 자리를
지속적으로 반복하여 꾸준히 마사지하면 젖량이 늘어나는 데 도움이 될 뿐만
아니라 젖몸살 예방에도 도움이 되어 모유 수유를 원활하고 성공적이게 한다.
가슴 부위에 있는 전중(膻中)혈은 울화 증상 개선, 호흡기 계통 질환 개선에,
중완(中脘)혈은 소화불량, 식욕 부진, 복부 불쾌감, 위 질환 개선에 도움이 되고,
유근(柳根)혈은 유즙 분비를 해소하고, 가슴을 건강하게 하고 예쁜 모양으로
올려준다. 손목 부위에 있는 양지(陽池)혈은 손목, 팔뚝의 통증을 완화하며,
후계(後谿)혈은 심신을 안정시키고, 목과 어깨 결림 증상을 개선하며,
내관(內關)혈은 소화 장애, 구토, 멀미, 입덧 증상을 완화하고, 심신 안정에 도움이
된다. 등 부위에 있는 고황(膏肓)혈은 전신 혈액 순환, 심장, 폐질환을 완화하고,
소화불량, 식욕 부진을 개선하며, 천종(天宗)혈은 어깨 통증, 오십견 증상을 완화하고
팔뚝기혈 순환 개선, 흉부 통증 개선에, 비유(脾兪)혈은 소화 불량, 복부 불쾌감,
인슐린 분비 조절에, 위유(胃兪)혈은 소화 불량, 위 질환, 하리(설사), 복부 불쾌감

완화에 도움이 된다. 또한 유즙혈(乳汁穴)은 두유(頭兪), 극천(極泉), 음교(陰交),
족삼리(足三里)가 있으며, 유선에서 생성되어 분비되는 젖량을 촉진시킨다.

유방 마사지는 유방의 혈액순환을 원활하게 하고, 모유의 출구가 막히지 않도록
분비물을 제거해 모유가 잘 나오도록 돕는다. 그리고 젖꼭지의 저항력을 길러주어
수유 중 젖꼭지가 갈라지는 문제를 예방해준다.
유방 마사지는 혼자서도 할 수 있으므로 산모와 아기 모두의 건강을 위해 임신
때부터 꾸준히 하는 것이 좋다. 임신 중에는 가볍게, 출산 직후에는 매 수유 때마다
열심히 해주는 것이 좋다. 그러다가 차츰 마사지 횟수와 시간을 줄여가고, 수유를
중단할 때 마사지도 함께 중단하도록 한다. 특히 마지막 무렵에는 가슴 마사지로
멍울이나 압통이 있는 곳은 없는지, 유두·유륜부 마사지로 아픈 곳은 없는지
확인한다.

심화 단계

지금까지 이 책에서 소개한 대부분의 스트로크를 익혔을 것이다. 이후의 몇 챕터에서도 제안했듯이, 직접 실천해 보고 이런 기법을 응용한 다른 방법을 연구해보기도 하면서 자신만의 고유한 마사지 스타일을 시작하게 되어 기뻤을지도 모르겠다.

그랬다면, 이제 충분히 배웠다고 생각할 수도 있다. 같은 맥락에서 조금만 더 연습을 해보라. 그러면 곧 웬만한 전문 마사지사의 수준에 올라설 것이다.

그러나 여기까지의 노력에서 그만두면 안 된다. 마사지란 아직 배울 것이 많이 있고, 더 심오하다.

이제 다음 단계로 나아갈 준비가 되었다.

이 시점에서 마사지의 심화 단계에 들어선다는 의미는 이제 한 길을 따라가야 한다는 뜻이다. 즉, 자신의 신체에 더 깊이 들어가야 한다는 것이다.

책 여러 곳에서 시술자는 손으로 마사지를 한다고 말했었다. 그러나 이는 일종의 편한 대로 말한 허구이다. 마사지는(잘하든 못하든) 몸 전체로 하는 것이다. 시술자 신체의 특정한 스타일, 행동, 활기의 정도 등 마사지에 대한 태도 전부를 조합한 살아 있는 활동인 것이다.

그럼에도 불구하고 우리 대부분은 사실상 신체와 따로 분리되어 있다. 평상시 우리는 우리 내부의 풍요로움의 극히 일부하고만 접촉하면서 살아간다. 이 부분을 어떻게 해야 하는 것이다. 자신의 신체를 알아차리는 쪽으로 방식과 정도를 바꾸라. 그러면 마사지하는 방법이 확연히 달라질 것이다―그 밖에 더욱 많은 것을 얻을 것이다! 깨닫는 정도보다 훨씬 더, 삶에 대한 느낌과 조화가 우리가 신체로 살고 경험하는 방법에 의해 형성된다. 대부분, 마사지를 더 잘하게 도와준 많은 것들이 내 삶도 그만큼 낫게 해주더라는 사실을 알고 있다.

자신의 신체를 더욱 잘 알아차리는 방법은 무엇일까? 다행히도 많은 방법이 있다.

그 노하우는 사람마다 다르지만, 특히 마사지와 관련하여 몇 가지 팁을 공유하고자
한다.

먼저 신체에 대한 몇 가지 생각들을 한번 보자. 그 생각을 순전히 지식의 수준으로
받아들이면 도움과는 달리 혼란만 생길 것이다. 그러나 그러한 생각을 감정의
이정표로 본다면—그 생각 속에서 자신 안의 많은 것들로 향하는 길을 발견할
것이다.

나는 나의 몸이다. 이 말은 요즘 심리학이나 철학에서 너무 많이 들어봐서 식상하다.
이 말을 몸과 마음에 심어놓는 또 다른 친숙한 방법은 몸과 마음은 하나이고
똑같다고 받아들이는 것이다. 우리의 감정, 외부의 지각, 정신적 생활, 그리고
우리를 둘러싼 세상에 대한 개념적 이해는, 친숙하면서도 잘 보이지 않는 우리
존재라는 덩어리 안에서 시작하고 끝난다. 우리의 신체, 움직임의 확률, 그리고
중력과 지구와의 관계는 그 밖의 모든 것이 생겨나는 배경이다. 실제 감정의
수준에서 이것과 타협하는 것은 아마도 그 사람이 할 수 있는 가장 중요한 자신과의
만남이라는 종류일 것이다. 알렉산더 로웬(Alexander Lowen)은 이렇게 말했다.
"자아가 신체에 뿌리 박고 있으면, 그 사람은 자신에 대한 통찰력을 얻게 된다.
뿌리가 깊어질수록 통찰력도 깊어진다."
그러나 의식적으로나 무의식적으로 우리는 여전히 나는 곧 나의 몸이라는 관념에
저항한다. 이 생각에 종속되어 있으면서도 그에 따른 생각과 의견은 또 그 관념을 더
잘 이해하는 수단이 될 수도 있을 것이다.

촉감은 현실과 접촉하는 시각만큼 중요하다. 서양 문화에서는 수 세기 동안
촉각으로 마주한 세상을 거의 전부 시각으로 지배하도록 허락했다. 촉각으로
이루어진 세상을 다시 사는 법을 배우는 것은 우리가 새롭고 완전히 신기한 나라로
여행하는 것과 같다.
시작하는 장소는 마사지 테이블뿐만이 아니라 일상 생활에도 있다. 집어 올린

물체의 무게와 질감만으로, 앉아 있는 의자를 누르는 신체의 느낌과 균형으로, 걸어 다니는 땅을, 몸과 세상이 접촉할 때 느끼게 되는 모든 것들에 의해서 살아가는 법을 배워보라. 또한 물체를 손가락으로 느끼면서, 발바닥으로 바닥을 느끼면서, 몸 안 구석구석에 울리고 퍼져 나가는 느낌을 느끼면서 몸 전체에 반응하는 법을 배워보라.

촉감을 탐구하는 데 도움을 줄 수 있는 수많은 연습을 소개한 책이 있다. 인내심을 가지고 하려고 하는 것의 새로움을 존경하라. 자신이 다른 행성에서 와서 지금까지 한 번도 사용하지 않았던 감각의 형태를 통하여 이런 세계를 즐기려는 존재라고 상상하라.

신체는 끊임없이 자신을 탐색하려고 한다. 신체는 여러 방법으로, 그리고 여러 수준에서 스스로를 탐색한다.

어떤 다른 발견도 인간의 내면적 움직임에 더 큰 영향을 미치지는 못했을 것이다. 우리는 완전히 지각하는 것보다 행동, 자세, 움직임을 통해서 더 많이 표현하기 때문에 형태 치료(gestalt therapy)와 형태 지향 만남 집단(gestalt-oriented encounter group)에서 신체 언어를 '읽는' 연습 즉, 신체의 비언어적 메시지를 알아채고 말로 옮기는 연습은 중요한 도구가 되었다.

마사지에서 이 의미는 터치의 질은 이에 대해 보통 생각하는 것보다 훨씬 더 넓은 명백한 범위를 가지고 있다고 생각한다. 신체는 의사소통의 힘으로 스며든다. 그리고 신체 접촉은 그 어떤 다른 활동과 마찬가지로 이 힘의 영역 안에서 끊임없이 일어난다.

자신의 목소리를 듣는 것처럼 촉감을 '듣는' 법을 배우라(마사지를 할 때뿐 아니라 항상). 자신은 촉각을 통해서 표현할 수 있다고 생각하라―사실 촉각을 통해서 표현하지 않을 수는 없다―그리고 할 수 있는 모든 것을 촉각으로 해보라.

손에 쥐고 있거나 신체가 그 외 방식으로 접촉하는 사물에 촉감으로 인사하고, 묻고, 이야기한다고 상상하라. 마치 원시인이 그러는 것처럼 하는 것이다. 인내심을

가지면 사물의 말을 들을 수 있다. 신체를 사람과 사물의 분명한 상호작용의
흐름으로, 자신과 세상 사이에 끊임없이 오가는 말의 그물로 인식하는 법을 배운다.

신체는 에너지의 장이다. 나라마다 이 에너지를 다양한 이름으로 부른다.
인도 요가에서는 이것을 '프라나(prana)' 라고 한다. 중국 태극권에서는 이것을
'기(氣)' 라고 한다. 윌리엄 라이히(Wilhelm Reich)는 똑같은 것을 아주 다른
길에서 접근하여, 이것을 '생체 전자' 와 '오르곤' 에너지라고 하였다. 라이히의
생체 전자 치료(bioenergetics therapy)의 가장 직접적인 계승자를 포함하여
오늘날 인간의 내면적 움직임의 대부분은 간단히 '에너지' 로 받아들이게 되었다.
그 방법은 모두 다르지만, 각각의 접근법에는 자연과 신체 에너지의 의미에 관한
어떤 공통적인 기본 개념이 있다. 그 모두를 향하는 중심은 이런 에너지는
직접적으로 경험이 가능하다는, 신체를 더욱 깊이 깨닫게 되는 가장 중요한 핵심은
사실 신체를 경험하는 것, 그리고 개인이 더 높은 경지로 성장하는 것은 더욱
풍부해지는 이러한 종류의 경험과 뗄 수 없다는 확신이다.

물리학자, 화학자, 생물학자가 이러한 에너지의 특성에 대해서 무엇을 말해줄 수
있을까? 지금까지는 아무것도 밝혀주지 못했다. 과학적인 관점에서 이 에너지는
'보이지' 않는 것이다. 즉, 어떤 기구도 이 에너지를 효과적으로 찾아내고 측정하지
못했다. 미국의 생체 자기 제어(bio-feedback) 실험, 프랑스와 러시아의 침술 연구
같은 약간의 연구가 행해졌으나 그 결과는 상당히 모호하고 예비적인 성격이다.
이 말은 곧 우리는 과학적으로 알려지지 않은 것을 다루고 있다는 뜻이다. 이것을
설명하는 데 사용되는 언어 역시 은유적이고 모호하다. 그런데 이 에너지—이 '어떤
것' —는 안에서 느낄 수 있다는 데는 의심의 여지가 없다. 수 세기 동안 사람들은
에너지의 내면적인 패턴 일부를 정리하고 그 에너지의 흐름을 증폭시킬 방법을
탐구해왔다. 아무도 그것을 느끼라고, 고조시키라고, 더욱 강하고 미세하게
경험하라고 배우지 않았다. 그리고 어떤 지점을 넘어서면 자신의 신체에 대한

깨달음을 그처럼 풍요롭게 해주는 것은 아무것도 없다.

앞서와 같이 혼자서 할 수 있는 여러 가지가 있다. 그중에서도 가장 주요한 일은 자신의 몸에 귀를 기울일 때마다 자신을 '사물' 이 아니라 내면의 움직임을 경험할 수 있는 에너지의 장으로 생각하는 것이다. 그렇다고 이것이 어떤 느낌인가, 또는 '제대로' 하고 있을 때 어떤 느낌일까를 너무 열심히 예측하려고 하지는 말라. 그저 '에너지' 와 '장' 의 개념과 노는 동시에 듣고 무슨 일이 일어나는지 지켜본다.

몇 가지 힌트를 더 주자면, 시작하기에 좋은 한 가지 방법은 자신의 신체 어느 부분이 가장 활기찬가, 어느 부분이 가장 조용한가, 또는 존재하지도 않는 듯한가를 자주 알아차리는 것이다.

에너지의 장으로서 자신의 신체는 하나의 과정임을 기억한다. 신체는 항상 움직이는 상태에 있다. 예를 들어, 한 부분에서 활기와 죽음을 주의 깊게 관찰한다. 그러면 그 부분은 절대 같은 상태로 있지 않음을 깨닫게 될 것이다. 또한 내면의 흐름이 주는 감각, 따뜻함이나 따끔거림도 알아차린다. 세세하게 집중할수록 미세한 많은 변화를 경험하게 될 것이다.

신체 에너지와 접촉하는 데 어려움을 느낄 때 항상 도움이 되는 두 가지 방법이 있다. 하나는 자신의 호흡에 집중하는 것이다. 호흡의 리듬, 변화와 파동, 그리고 오르고 내릴 때의 부드러움이나 갑작스러움을 따라간다. 호흡 자체와 호흡에 따른 근육의 움직이나 감각 모두를 의식한다. 이것을 다른 말로 '중심으로 모으기 (centering)' 라고도 한다. 신체의 중심은 복부이다. 자신을 중심으로 모으는 것은 주의를 복부의 중심 부위에 모으고 이 부위에서 나타나는 무엇을 하든지—행동, 느낌, 보는 것, 말하는 것—그대로 두는 것이다. 호흡과 중심으로 모으기에 집중하는 것은 아주 효과적으로 조합이 된다.

여느 때처럼 호흡의 움직임에 따라가되 들이쉬는 숨이 복부의 중앙으로 가라앉도록 두는 것이다. 훨씬 좋은 것은 호흡이 이 중심 부위를 통과하여 주변 모든 곳으로 빠져나가 전신을 가득 채운다고 상상한다.

이 방법으로 호흡을 경험하도록 도와주는 약간의 연습을 해보고 싶다면, 마그다 프로스카우어(Magda Proskauer)가 개발한 것을 소개하겠다.

등을 대고 눕는다. 신체를 최대한 이완시킨다. 그런 다음 호흡으로 다음을 해본다. (1) 코로 들이쉬고 입으로 내쉰다. (2) 호흡을 할 수 있는 한 오랫동안 조용하고, 부드럽게 한다. 어떤 방식으로든 강제로는 하지 않는다. (3) 숨을 내쉰 후 다시 들이쉬기 전 숨을 잠시 멈출 수 있는지 본다. 단, 나오는 호흡을 일부러 '잡지는' 말고 절대 다시 거두어들이려고 하지 말아야 한다. 다시 말하면, 호흡이 완전히 제 스스로 다시 돌아올 때까지 자신을 내버려둔다(숨은 반드시 다시 들이쉬게 되어 있으므로 절대 걱정하지 말라!). (4) 호흡이 복부로 바로 향하게 한다. 가슴이 움직여도 신경 쓰지 말기 바란다. 복부에 얼마나 많은 공간이 있는지 탐색하고, 들이쉰 숨이 그 공간을 채우는 것을 얼마나 느낄 수 있는지 지켜본다.

다음으로, 이 연습을 좀 더 심오하게 해보고 싶다면, 다음 사항을 추가한다. (1) 같은 호흡 패턴을 계속 한다—코로 들이쉬고 입으로 내쉰 후, 다 내쉰 후에는 잠깐 멈춘다. 그리고 호흡은 복부 전체로 퍼져 나가도록 한다. (2) 호흡을 계속 하면서, 들이쉴 때는 오른쪽 궁둥이를 부드럽게 조인다. 움직임은 최대한 부드럽게 한다. 신체 나머지 부위의 근육을 수축하지 않도록 궁둥이 근육을 분리시키려고 해본다. 동시에 들이쉰 숨을 오른쪽 궁둥이로 보낸다. (3) 내쉴 때는 궁둥이를 이완시키면서 바닥에 최대한 넓게 자리를 잡도록 한다. 이 동작 역시 최대한 부드럽게 한다. 동시에 내쉬는 숨이 오른쪽 궁둥이에서 빠져나간다고 상상한다. (4) 이 두 동작을 호흡할 때마다 계속한다. 호흡과 호흡 사이에는 움직이지 않는다. (5) 몇 분 뒤에는 왼쪽 궁둥이로 옮겨가서 반복한다. (6) 양쪽 궁둥이를 모두 하고 나면, 다시 호흡을 복부로 흘려 보내고 신체 이 부위에서 느낄 수 있는 공간의 감각을 관찰한다.

마지막으로 일반적인 팁이다. '육체적인 감각'과 '감정적 질'을 분리시키는 덫에 빠지지 않도록 한다. 신체인 에너지를 듣는 것은 하나와 다른 하나를 느끼는 것이 아니라 그 공통된 근원을 느끼는 것이다.

그러나 여기서 멈춰서는 안 된다. 위에서 제안한 생각과 행동의 방식을
실험함으로써 많은 것을 배울 수 있다. 그래도 이것은 시작에 불과하다. 이미
언급했듯이, 자신의 신체를 더 많이 알아차리는 구조적인 방법이 많이 있다.
동양의 수련법으로는 명상, 요가, 태극권과 합기도가 가장 널리 알려진 방법이다.
그 외에 좀 더 시간이 지나서 개발된 서양의 방법을 들자면, 프로스카우어 호흡법
(위에서 소개한 기법에서 매우 단순화시킨 예), 감각 알아차림 그룹 활동, 그리고
생체에너지 요법(bioenergetics therapy)이 있다.

마사지를 통해서 기술과 영혼을 최대한 개발하고 싶으면, 이러한 여러 방법들 중 한
가지 이상을 탐구하기를 강력히 권고한다. 무엇을 해보든 마사지와 어느 정도
친숙함을 느낀다면 바로 그 사실이 큰 강점이 될 것이다. '신체 활동'의 여러 유형 중
공통점이 대단히 많을 것이고, 연습을 하는 사람은 다른 연습도 크게 진전을 이룬다.
자신의 필요를 가장 충족시켜주는 연습을 스스로 발견할 것이다. 모든 연습법은
각기 매우 가치가 크고 마사지에도 도움이 많이 된다.

그러나 이러한 여러 연습법 중에서도 마사지에 특히 도움이 된다고 가장 확신하는
두 가지는 명상과 태극권이다. 이 두 가지에 대해서는 다음 두 챕터에서 좀 더 자세히
소개하겠다.

명상

마사지와 유사하게, 명상 역시 몸 전체로 수행한다.

명상은 항상 명쾌하게 수행되지는 않는다. 명상 수련생들에게 주어진 지침은 보통 하지 말아야 할 것을 강조한다. 생각을 강요하지 말라, 현재를 놓치지 말라, 몸을 움직이지 말라 등. 그리고 모든 명상의 애초 목적은 말로 뱉어내는 우리 생각의 시끄러움과 웅성거림에 일시적인 정지를 가져오는 것이므로 이 지침이 맞다.

그러나 우리 내적인 수다스러움이 조용해지기 시작하면 어떤 일이 일어날까? 종내 많은 일이 일어난다는 게 그 답이다. 구체적으로 어떤 종류의 명상을 수행하는가에 따라서 다른 일들이 일어난다. 그러나 명상이 어떤 종류이든지 가장 중요한 효과 중 하나는 신체에 대한 알아차림이 매우 강력해진다는 것이다. 내적 수다스러움은 신체를 느끼지 못하게 하는 방어벽이다. 이러한 방어벽을 어느 정도 제거하면 신체인 에너지 장은 더 강하게 느낄 수밖에 없다.

그리고 또 일어나는 일로는—언급했듯이 명상의 종류에 따라 다르지만—이렇게 강력해진 신체 알아차림을 발전시키게 된다는 것이다. 명상을 하게 되면 신체의 어느 깊이는 아주 많은 방식으로 연주될 수 있는 풍부한 음악처럼 된다. 예를 들면, 그저 고요함의 감각과 내적 조화로 이끄는 종류의 명상도 있다. 그러나 이 고요함은 철저히 육체적 고요함에 머무르고, 육체적 따뜻함과 같이 신체에 스며드는 평온을 말한다. 다른 종류의 명상은 신체의 단 한 곳에 집중하는 수단만을 이용한다.

이를테면 복부, 아니면 이마 중앙의 '제3의 눈'이다. 후자와 같은 명상들은 충분히 수행하면 수행자의 느낌이 사람에게 지금껏 알려진 것 중 가장 강한 경험이라고 제안한다. 신체의 에너지 감각은 우주의 넓디넓은 에너지에 용해된다고 한다.

마사지에 입문하는 이들은 어떤 명상을 수행하든 그 부수적인 이익도 상당하다. 몇 달 이상은 매일 습관으로 명상을 하라. 그러면 자신이 한 번도 상상하지 못했던 감수성과 내적 초점을 지니고 마사지 테이블로 가는 자신을 발견하게 될 것이다.

명상은 어떻게 배울까? 가장 좋은 방법은 좋은 스승을 찾는 것이다. 그러나 옳은 스승—다른 이들에게 어떻든 자신에게 맞는 스승—을 찾기 어렵다면, 명상에 관한 책을 읽을 것을 권한다.

선 명상(Zen meditation)과 같은 아름다운 활동은 선에 관심이 있는 사람이든 없는 사람이든 모두에게 아주 가치 있는 명상이다.

어떤 종류의 명상을 선택해야 할까? 그것은 순전히 자신과 자신에게 맞는 성향에 달려 있다. 선택한 명상에 따라 명상법은 다양하다. 예를 들어, 선택한 명상에 따라 눈을 뜨라고도 감으라고도 할 것이다. 자연스럽게 호흡하라고도 하고, 특정한 리듬에 맞추어서 호흡하라고도 한다. 마음을 비우라고도 하고, 어떤 이미지에 집중하라고도 한다. 만트라라고 하는 한 단어나 구절을 조용히 계속 반복하라고도 하고, 아무것에도 집중하지 말라고도 한다. 할 수 있는 한 모든 명상을 시도해보라고 권하고 싶다. 중요한 것은 일단 명상을 시작해보라는 것이고, 어떤 종류의 명상이든 자신의 명상을 돕는 그것이 좋은 스타일의 명상이다.

어떤 명상이든 마사지에 도움이 된다. 그러나 이 시점에서 선입견이 약간 개입된 충고를 하나 하려고 한다. 이후 챕터에서 그 이유를 설명하겠지만, 호흡에 기반하고 복부에 어느 정도 집중하는 종류의 명상이 마사지 연습으로 더 효과적이라고 본다. 예를 들어, 좌선(Zazen)은 동양의 선 전통과 관련된 명상 스타일로 이 모두를 수행할 수 있다. 그러므로 몸 상부와 하부의 에너지 중앙(흔히 샤크라(chakras)라고 함)에 집중하는 수행을 포함하는 요가 명상을 해보라.

실험해볼 수 있는 간단한 명상을 소개하겠다. 요가와 선 전통의 요소가 모두 포함되어 있다. (1) 등을 편안히 곧게 펴고 앉는다. 등을 펼 수 있으면 작고 단단한 방석 위에서 책상다리를 한다. 아니면 등받이가 곧은 의자 위에 무릎을 약 600mm 정도 벌리고 앉는다. (2) 코로 호흡한다. 호흡에 어떤 강요도 하지 말고 리듬도 바꾸어서는 안 된다. 단 한 가지 조절할 것은, 숨을 내쉰 후 잠깐 멈춘다. 몸의 모든 활동을 멈추려고 하고, 호흡이 오로지 저절로 돌아오도록 한다(즉, 이전 챕터 마지막에서 소개한 프로스카우어 호흡과 같다). (4) 또한 각 호흡이 최대한 낮게 가라앉아 배로 꺼지게 한다. 일부러 아래로 꺼지도록 힘을 주지 말고, 호흡이 저절로 아래로 가라앉는 만큼 가도록 둔다. (5) 호흡을 센다. 날숨마다 하나에서 열까지 세고 다시 하나부터 센다. 같은 패턴을 명상하는 동안 계속 반복한다. (6) 약 5분 동안은 모든 주의를 배 중앙에 집중한다. 그 부위와 접촉하는 느낌이 모호해도 선명해도 상관없다. 나머지 명상 시간 동안에는 이마 중앙에 주의를 집중한다. 콧날 위 약 12mm, 약 12mm 깊이이다. (7) 생각을 강요하지 말라. 마음이 비워지고 고요해지도록 노력한다. 모든 주의를 집중할 수 있는 신체 어느 부위로든 돌리고, 호흡을 느끼고 따라간다. (8) 기대는 모두 버린다. 어떤 일이 일어나도 만족하려고 노력한다. 때로 아무 일이 안 일어나도 그에 만족하도록 한다. (9) 처음부터 너무 오랫동안 명상하려고 하지 말라. 하루에 10분이면 충분하다. 마음의 준비가 되었을 때 명상 시간을 점차 늘려나간다. 5분 정도는 복부 중앙에 집중함으로써 명상을 시작하여, 주의를 이마로 옮긴다.

일반적으로 명상의 기법에 어느 정도 익숙해지고 명상의 효과를 어느 정도 보았다면, 다른 전통에서 채용한 수행의 요소를 아주 효과적으로 조합할 수 있다. 예를 들어, 자신에게 잘 맞는 명상법을 발견했지만 그 명상이 집중(복부에 집중)하거나 호흡에 기반하지 않을 수도 있다. 그러면 수행하는 명상에 이 요소를 조합하면 된다(단, 수행이 상당히 발전했을 때에만 시도하도록 한다). 아니면 주기적으로 명상을 시작할 때 잠깐 동안 이 요소를 더하는 것이다. 성과가 있을 것이다.

태극권

신이 우리에게 마사지를 더 잘할 수 있는 무언가를 주었다면, 그것은 태극권과 아주 비슷할 거라고 생각한다. 중국에서는 마사지를 고도의 예술로 여기는 사람들이 마사지사에게 마사지 훈련의 한 부분으로 태극 수행을 시키는 일이 흔하다고 한다. 그 이유는 이해하기가 어렵지 않다.

태극은 중국에서 몇 세대 전에 시작된 일종의 움직이는 명상이다. 동물과 여러 고유의 싸우는 동작에 기초하는 태극은 전신을 사용하는 느린 춤 같은 스텝과 몸동작으로 구성된다. 특수한 학교와 신속한 수료 과정에 따라 태극은 하는 데 5~30분 정도가 걸린다. 제3자의 관점에서 매우 아름다운 동작인 태극은 사실 그 시각적인 가치보다는 수련자 내면에서 받아들이는 태극의 느낌이 그 정수이다.

태극이 어째서 마사지에 그토록 도움이 될까? 가장 분명한 것은 손이 움직이는 흐름의 질이다. 태극을 할 때 손은 물을 천천히 가로지르는 물고기 같다. 그렇지만 모든 동작은 절대적으로 정교하고, 우아해 보이는 그 동작은 강인함을 내포하여 이루어진다. 부드러움과 정교함의 조화 역시 우리가 마사지를 하면서 손에 터득해야 할 기술이다.

마사지에도 나머지 신체 부위의 자세와 동작이 중요하다. 손 동작 흐름의 기초를 부여하기 위하여 균형과 중력에, 중심에, 그리고 몸통과 다리의 내면과 외면의 정확한 움직임에 미세한 주의를 기울인다.

마지막으로, 숙련자에게 태극은 분명한 명상의 한 형태이다. 복부에 집중하고, 호흡에 신경을 써서, 몸 전체를 순환하는 에너지를 만들어낸다.

다음 챕터에서 더 상세히 짚어 나갈 것이지만, 이러한 것들은 마사지 테이블에서도 아주 유용하게 사용될 수 있는 내면적인 활동이다.

태극은 어디서든 배울 수 있어서 급속도로 대중화가 이루어지고 있다. 몇 년 안에 우리는 새로운 세대의 스승을 만나게 될 것이고, 또 각지에서 태극을 가르치는 스승의 수도 굉장히 늘어날 것이다.

그 날이 오기 전이라도 마사지에 입문하려 하고, 태극권을 배울 기회가 있으면 시도는 꼭 해보라고 권하고 싶다. 태극권 시연을 한번 관람하고, 몇 가지 시작 동작을 실험해 보고, 태극에서 무엇을 얻을 수 있는지 한번 보라. 뭔가 얻는 게 있으면, 마사지에 대해서도 더 많이 배우게 될 것이다.

다음 단계

에너지, 명상, 태극, 자신으로서의 신체. 이 모든 것이 마사지를 시술할 때 도대체 무슨 의미를 가지는가?

크게는 방향의 전환이다. 지금까지 마사지를 할 때는 전적으로 피술자와 그의 욕구에 집중했다. 그 자체로는 나쁘지 않다. 피술자에게 집중하는 것이 마사지를 빨리 배우는 방법이다. 그러나 그 다음 단계에서는 동시에 자신에게도 귀를 기울이는 법을 배워야 한다. 이 말은 곧 자신의 신체에 집중한다는 뜻이다. 자신의 기분과 느낌, 균형, 에너지에 집중하는 것이다.

이러한 전환은 쉽지 않다. 처음에는 어색할 것이다. 사실 얼마간은 자신에게 집중하는 것이 피술자에게 집중하는 능력을 배양하는 데 오히려 방해가 될지도 모른다. 그렇다고 걱정하지 말라. 변화가 찾아올 것이다. 그리고 자신이 앞에 소개된 제시된 몇 가지 길을 따라가면서 그 단계는 더 빨리 찾아올 것이다.

또 집중의 경제라는 잘못된 생각에 빠지지도 말아야 한다. 집중하는 '양' 이 정해져 있다고 생각하면 잘못이다. 자신이 무언가를 받았다고 그만큼의 양을 피술자에게 덜 주게 되는 것은 아니다. 처음에는 그렇게 느낄 수 있지만, 곧 자신의 신체에 공명이 커지고 더 많은 것을 느끼게 되어, 피술자에게 집중을 덜 하게 되는 것이 아니라 자신의 소리를 들음으로써 더 많은 것을 받게 되고, 따라서 피술자에게 더 많은 것을 줄 수 있게 된다.

이 이상으로는 그다지 말할 것도 없고 말해줄 필요도 없을 것 같다. 그러나 다음 힌트로 시작하는 데 도움이 되지 않을까 한다.

최대한 현재에 머무른다. 바깥 생각에 휩쓸리지 않도록 최대한 노력한다. 주기적으로 명상을 한다면, 같은 가득 참으로 자신을 현재에 머무르게 하도록 노력하라.

호흡을 계속 알아차리라. 마사지를 하는 동안 호흡은 항상 코를 통하도록 한다.
호흡을 따라가고, 호흡이 최대한 신체 아래로 흐르도록 한다. 강요는 하지 말고,
길고 부드럽게 호흡하도록 한다.

무엇을 느끼고 어떻게 느끼든, 신체의 중앙―복부 또는 내면의 중심―에 집중한다.
알아차릴 수 있을 때는 호흡을 이 지점으로 흘려 보낸다. 자신이 이 지점에서
마사지를 행하고 있다고 생각한다. 이 부분을 손으로 하는 모든 것이 자연스럽게
발생하는 근원과 깊이로 느낀다.

마사지를 하면서 계획한 대로 너무 완고하게 따라가려고 하지 말라. 계속 자신을
환기시키도록 한다. 신체의 각 부분에 시술에 사용하고자 하는 순서와 특히
주의해야 할 시술 부위를 명확히 정한다. 그러나 사전에 시술해야 할 동작에 관한
상세한 계획보다도(충분히 숙련되었다는 가정 하에) 손이 느끼는 감각을 따라가는
자연스러움에 의존하도록 한다.

자신을 지지하는 땅을 의식한다. 발 아래의 바닥, 피술자를 부드럽게 누를 때 그것을
받치는 마사지 테이블의 감각, 그리고 그 사이에 존재하는 자신의 균형을 느끼도록
한다. 자신을 땅과 피술자와 자신의 상호 연결을 그와 탐구하는 존재라고 생각한다.

자신의 신체에 에너지를 최대한 흘려 보내도록 의식한다. 마치 치유사가 행하듯,
에너지를 손을 통하여 피술자에게 보내도록 노력한다―상상을 하든 느끼든
자연스럽게 한다.

동시에 자신의 신체 내면에서 일어나는 에너지의 흐름에 귀를 기울인다. 처음에는
대단히 어렵지만, 연습을 거듭할수록 손이 얼마나 많은 것을 말하는지 깨닫고
놀라게 될 것이다. 이것이 어떤 느낌을 주고 어떤 느낌이 아닐지는 예상하지 않도록

한다. 그저 듣고 지켜봐야 한다.

마사지는 언제나 비언어적 커뮤니케이션의 한 형태임을 기억한다―그러나 신체는 스스로를 표현하려는 경향이 있다는 사실도 기억한다. 이 말은 마사지의 의사소통적인 면은 외부에서 이루어지지도 않고 덧붙여지지도 않는다. 이미 존재하는 그 어떤 것이고 그것을 방해하지 않고 듣는 법을 배워야 한다. 마사지는 모스 부호가 아니다. 시작하기 전 '메시지'를 받아야 하지 않느냐고 걱정하지 말라. 이 비유가 도움이 될 수도 있겠다. 형태 치료사는 종종 한 사람의 소리와 음성 버릇은 실제 그가 말하고자 하는 내용보다 더 많은 것을 표현한다고 말한다. 마사지도 마찬가지다. 손을 사용하여 많은 태도와 신호를 쉽게 해석할 수는 있지만, 한 사람의 손길 그 자체가 가장 많은 것을 표현한다.

다른 말로 하자면, 신체를 신뢰하라는 것이다. 자신을 완전히 뿌리내리게 하고 가능한 한 내면에 머무르게 하라. 그러면 저절로 의사소통이 이루어질 것이다.

요컨대, 마사지는 축하의 행동이자 주는 사람의 경험이 받는 사람의 경험만큼이나 중요한 행동이다. 이렇게 접근한다면 자신으로부터 알고 싶어했던 모든 것을 배울 수 있을 것이다.

구역 요법(zone therapy)

수 세기 동안 동양권의 의사와 치유사들은 건강상의 경미하고 중대한 문제를 진단하고 치료할 때 발 마사지를 보조 수단으로 사용해왔다. 서양에서 이러한 종류의 치료는 '구역 요법' 으로 알려져 있으며, 최근에는 '반사요법(reflexology)' 으로 불리기도 한다. 의학계에서는 대체로 무시되지만, 마사지를 하는 사람들 사이에서는 암암리에 널리 퍼지게 되었다.

원리는 간단하다. 한쪽 발이나 양쪽 발에는 몸통과 머리에 위치한 중요한 모든 장기나 근육에 해당하는 부위가 조금씩 차지하고 있다. 신체의 윗부분 어딘가에 영향을 미치는 건강 문제를 찾거나 치료할 때는 그저 발에서 해당하는 부위를 마사지하면 된다.

믿기 어려운가? 물론 말도 안 되는 이야기처럼 들릴 것이다. 그러나 비공식적으로 가끔 구역 요법을 실험해봤는데, 시술해준 수많은 사람들과 함께 그것이 큰 효과가 있음을 발견할 수 있었다.

발 마사지가 만병통치약이라든지 병원을 안 가도 될 정도의 대체의학은 아니다. 하지만 일상 의술에 보조하면 어느 부위이든지 작지만 눈에 띌 만한 건강상의 호전을 보인다. 왜 효과를 볼까? 많은 이론이 있다. 한 가지 종종 거론되는 것은 담당 신경계 때문이라는 것이다. 수많은 신경들이 발에서 신체 곳곳으로 뻗어 나가 해당하는 여타 신체 부위에 반사 작용을 일으킬 수 있다. 그리고 또 자극 순환에 의하여 영양상의 섭취를 촉진하고, 같은 부위에 인접한 곳에 노폐물이 제거된다는 것이다. 또 더욱 그럴듯하게 여겨지는 다른 가설로는 신체에 뻗어 있는 결합 조직과 림프 시스템은 아직 의학계에서도 분석되지 못한 자연의 에너지 순환의 이동 수단이며, 발에 올바른 종류의 마사지를 하게 되면 에너지의 흐름을 열어주어 신체의 해당 부위에 영향을 끼친다는 것이다.

그러나 이유가 무엇이든 간에, 구역 요법은 효과가 분명 있는 것 같다. 스스로 이를 탐구하는 방법을 소개하겠다.

피술자의 발이 쉽게 닿는 곳에 위치를 잡는다. 마사지 테이블에서
시술할 경우, 가장 좋은 자세는 피술자로 하여금 등을 대고 눕게 하고
시술자는 발바닥을 보고 스툴에 앉는
것이다. 또 다른 방법으로, 피술자로
하여금 의자에 앉게 하고 한쪽 발은
낮게 패드가 깔린 스툴에 올린다. 그리고
무릎을 꿇거나 작은 쿠션 위에 피술자를 마주하고 앉는다.
다음으로 발바닥을 엄지손가락 끝으로 마사지하기
시작한다. 오일은 바르지 않는다. 아주 세게, 목판에
손가락으로 압정을 박듯이 있는 힘을 다해서 누른다.

그리고 가장 중요한 점은 모든 곳을 눌러야 한다는 것이다. 천천히,
그리고 세심하게 발바닥 전체를
지압한다. 그런 다음 발을
살짝 들어서 발꿈치
측면에서 발목뼈까지
마사지한다.
근육이 집중적으로
수축된 곳을 찾아야 한다.

그리고 피술자가 고통스러워하는 지점을 찾아야 한다는 것이 아주 중요하다. 수축된
곳이나 피술자가 "아야!"라고 소리지르는 지점을 찾았으면 멈춘다. 책에 수록된
차트를 보고 오른발 또는 발의 아픈 부위가 어떤 신체 부위에 연결되어 있는지
알아낸다. 그리고 피술자에게 건강상의 문제가 있거나 특정 부위에 문제가 생길
조짐이 있음을 알려준다. 그런 다음 피술자에게 아파도 더 참아달라고 요청하고
그 부위를 집중적으로 철저하게 계속 마사지한다.
또는 피술자를 괴롭히는 건강 상태에 대해 이미 알고 있다면, 해당하는 발 부위를
곧바로 마사지해도 된다.

짧게 자주 시술한다. 하루 또는 이틀에 10~20분씩 하는 것이 가장 좋다. 피술자의 상태가 호전되고 발을 마사지했을 때 더 이상 극심한 고통을 느끼지 않을 때까지 시술자와 피술자가 이 프로그램을 지속해 나가야 한다.

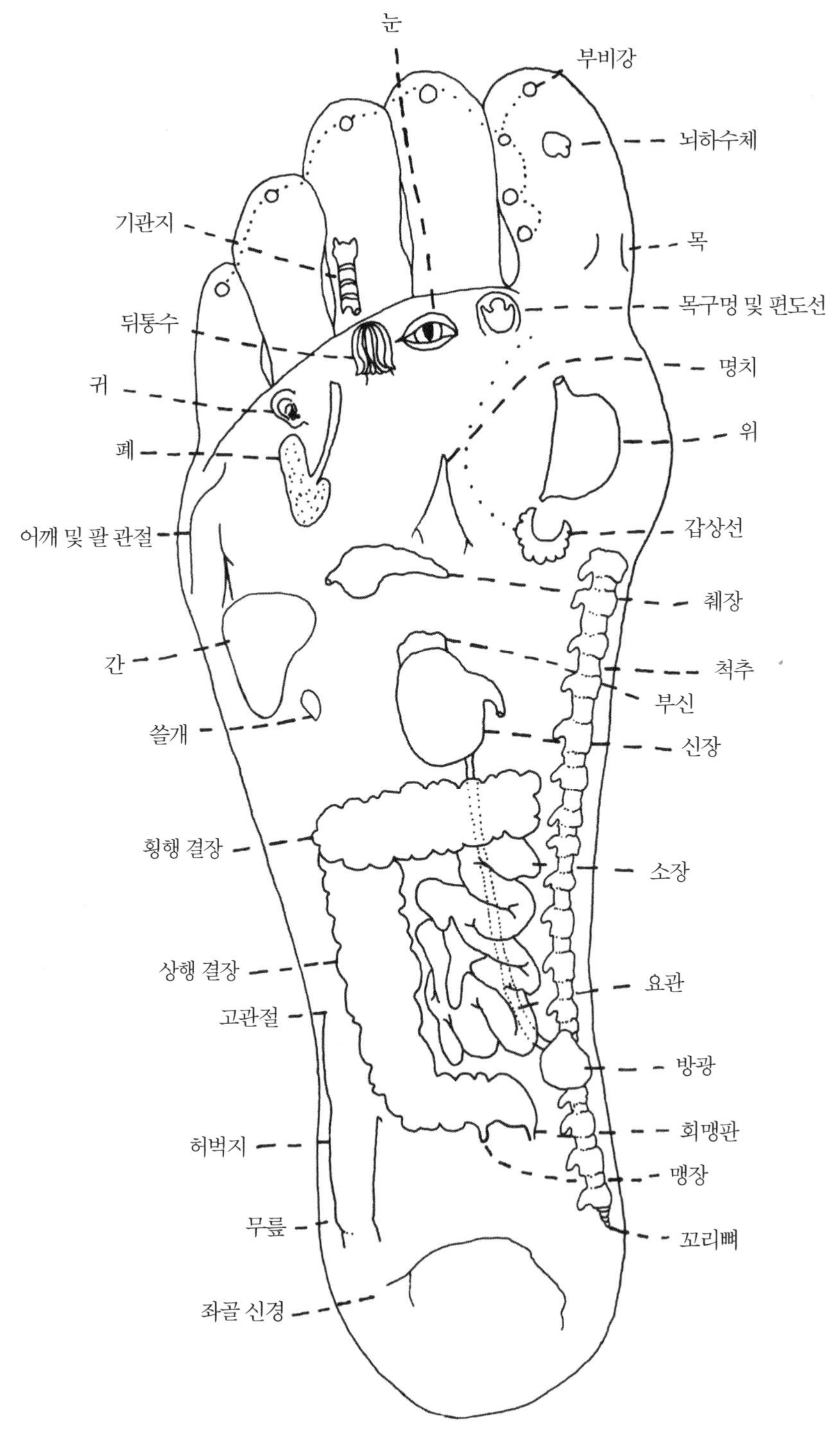
눈
부비강
뇌하수체
기관지
목
뒤통수
목구멍 및 편도선
귀
명치
폐
위
어깨 및 팔 관절
갑상선
췌장
간
척추
부신
쓸개
신장
횡행 결장
소장
상행 결장
요관
고관절
방광
허벅지
회맹판
맹장
무릎
꼬리뼈
좌골 신경

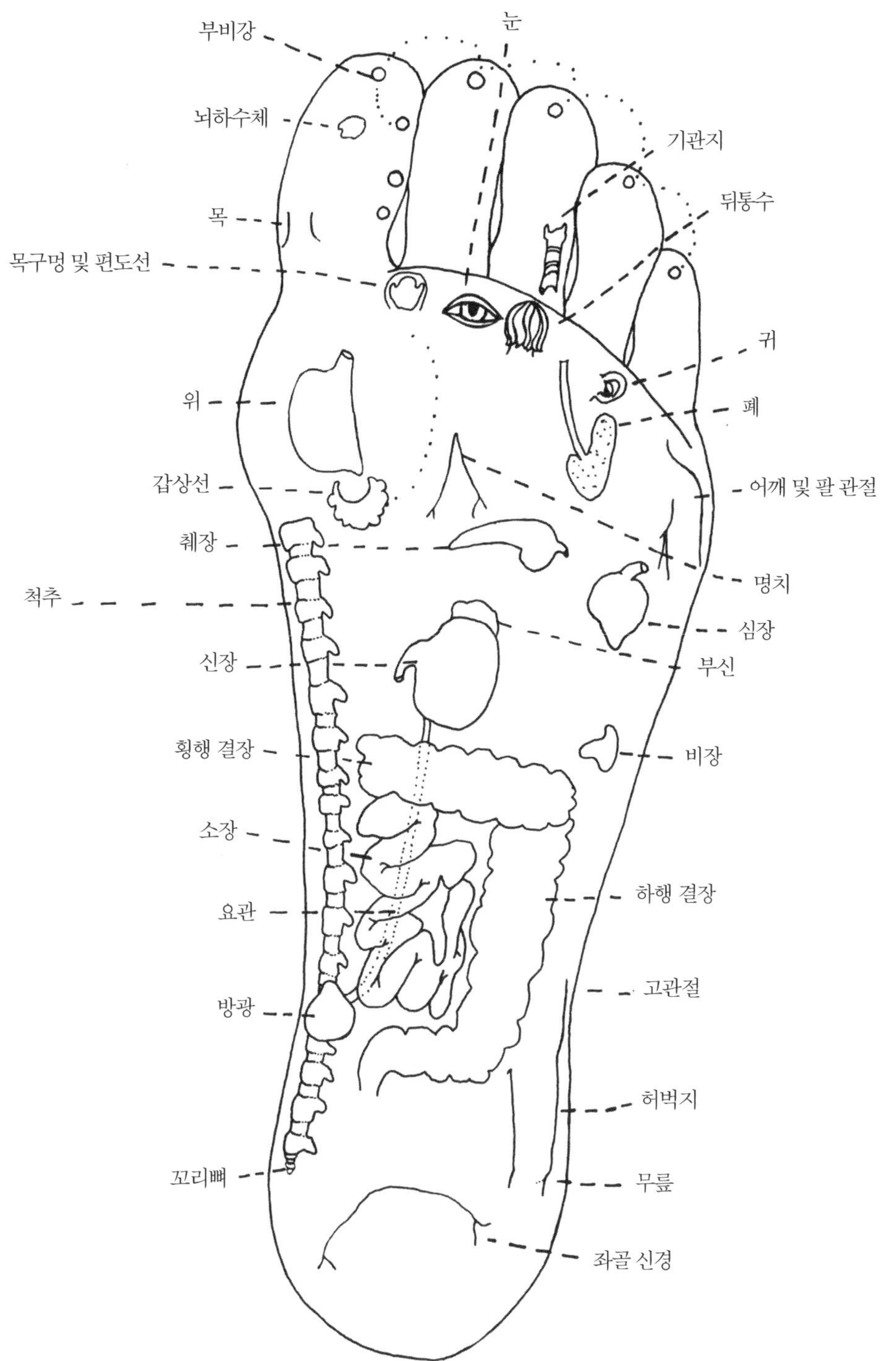

왼발
부비강
뇌하수체
목
목구멍 및 편도선
눈
기관지
뒤통수
귀
폐
어깨 및 팔 관절
명치
심장
부신
비장
위
갑상선
췌장
척추
신장
횡행 결장
소장
요관
방광
꼬리뼈
하행 결장
고관절
허벅지
무릎
좌골 신경

(만성질환의 경우)
직장
자궁
전립선
자궁 또는 전립선
자궁경부
꼬리뼈

사타구니 림프절
림프계 배출구
고관절
난소 또는 고환
유방
엉덩이 및 등 하부

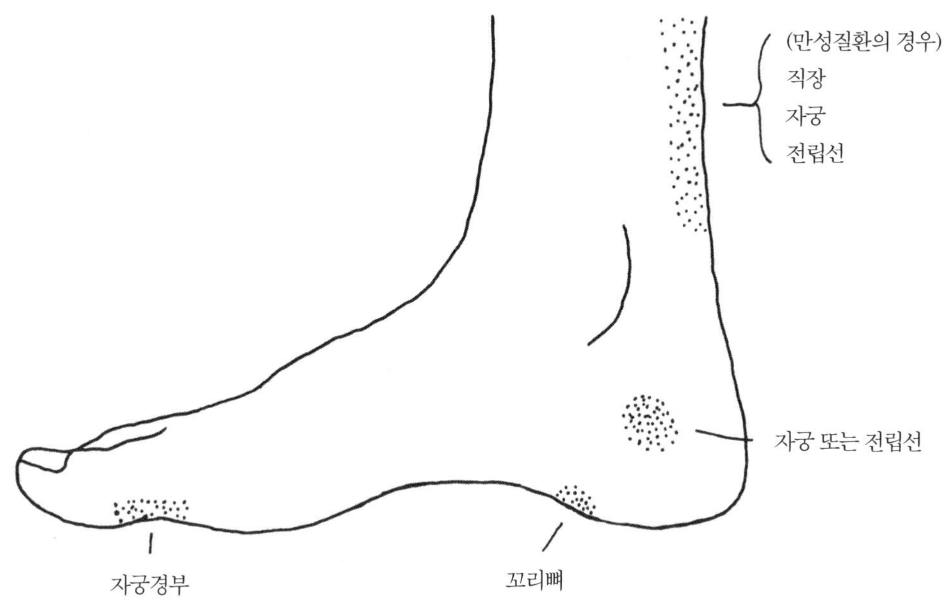

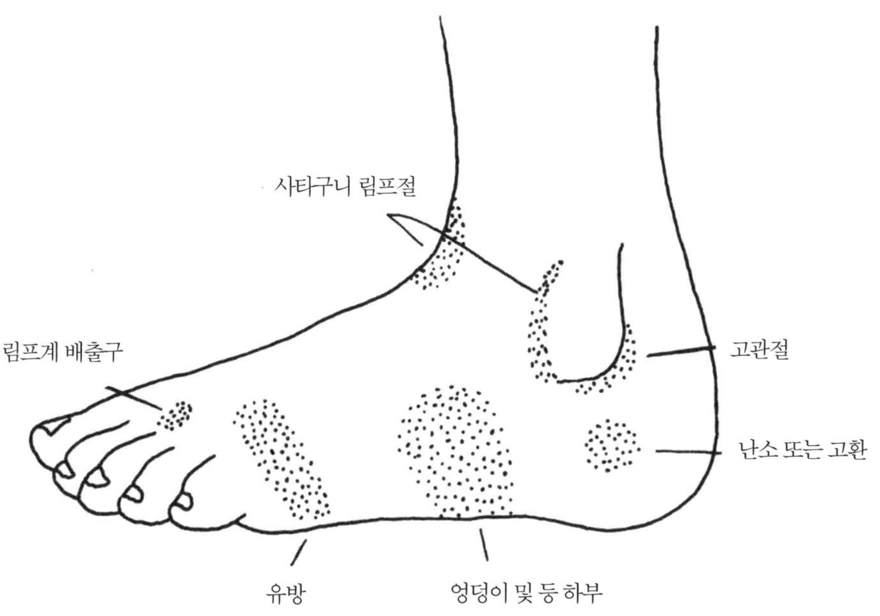

발등의 연결 부위

마사지, 그 밖의 유형

이 책에서 설명하는 마사지 유형으로 진전을 이루기 시작했으면 다른 유형의
마사지에도 자연스레 관심이 생길 것이다. 그 밖의 마사지로는 실제 몇 가지 종류가
있을까? 매번 안다고 생각할 때마다, 갑자기 지금껏 들어보지도 못하고 상상조차
하지 못했던 완전히 다른 종류의 마사지 두 세 가지를 발견하기도 한다.
이곳을 빌어서 알고 있는 여러 방법의 마사지 중 유명한 몇 가지를 간단히
전수해주고자 한다. 구역 요법은 이미 소개했다. 그 밖의 종류에 대해서는 좀 더
일반적인 설명으로 제한하겠다. 그리고 할 수 있다면, 더욱 상세한 정보를 어디에서
찾을 수 있는지도 말해주겠다.

라이히안 마사지(Reichian Massage). 엄격히 말해서 라이히안 마사지에 한 가지
형태는 없다. 윌리엄 라이히는 직접적인 신체 접촉을 통하는 수많은 기법으로
환자를 치료를 하면서, 프로이트(Freud)의 분파한 제자가 아니라 생체 에너지
요법이라고 하는 치유법의 대부로 유명해졌다. 이러한 기법의 대다수는 몇 세대에
걸쳐 전수되면서 계승되었을 뿐만 아니라, 계승자들에 의해 여러 방향으로 더
확장되고 개발되었다. 따라서 오늘날 우리들이 알고 있는 라이히안 마사지는
실제 라이히안 마사지와 관련된 방법들 중 한 분파라고 할 수 있으며, 각 분파들은
라이히안 마사지의 한 계통이라는 것과 마사지의 목표가 동일하다는 두 가지
유사점이 있다.
라이히안 마사지—또는 마사지에 해당하는 일반적인 기법—의 주목적은 라이히가
말했던 '신체 갑옷(body armor)' 을 용해시키는 것을 돕는 것이다. 라이히는 많은
사람들이 억압된 감정에 대한 방어로서 잠재의식적으로 몸통, 목, 머리 여러 부위의
근육 사용을 억제한다는 사실을 알아냈다. 감정을 언어로 분석하는 동시에 이러한
부위에서 육체적인 시술을 함으로써 라이히는 신체가 더 민감해지고 내적 느낌의
필수 수용자가 되도록 신체를 풀어주고자 했다.

이 방법에서 오늘날까지 사용되는 가장 보편화된 한 가지는 몸통과 목 주요 부위를 아주 강하게 두드리는 것이다. 한 부위에 시술하는 마사지의 양은 개개인마다 다르다. 이것은 그 사람의 신체와 두드러지는 '막힘'을 분석한 후 결정해야 한다. 반사 운동 자극을 위한 찌르기(sharp jab or poke)가 때로 사용되기도 한다. 스트로크보다 가벼운 형태이다. 일부의 경우 이러한 기법들을 호흡 주기에 맞추어 시술하기도 한다.

이러한 스타일의 마사지는 훈련된 치료사 외에 일반인들은 거의 시술하지 않는다. 일반적으로 환자의 지속적인 치료에 통합된 일부로 시술된다. 경험하는 대상의 부위에 대해 엄청난 불안감을 초래할 수 있는 감정적인 에너지를 배출하는 힘이 있기 때문에 그러한 치료 상황을 다룰 줄 아는 전문적 배경을 가진 자에 의해서만 사용되어야 한다.

롤핑(Rolfing). 구조적 통합(Structural Integration)이라고도 하는 이 요법은 아이다 롤프(Ida Rolf)에 의해 개발된 심도 깊은 마사지 방법이다. 주된 기법은 손가락 관절 하나나 팔꿈치, 때로는 주먹을 쥔 상태의 여러 관절로 아주 무겁고 집중된 압박을 가하는 것이다. 보통 한 번에 피술자의 신체 중 한 곳을 몇 초간 시술한다. 롤핑의 목적은 근육과 결합 조직을 재정렬하는 것이다. 그 효과는 아주 극적이다. 체형이 완전히 새로 잡혀진다.

롤핑 '치료'는 일반적으로 한 시간씩 10회를 실시한다. 보통 각 회는 한 주 이상의 간격을 두고 실시한다.

롤핑을 시술받는 실제 느낌은 특이하다. 보통 강한 감각들이 혼합된 느낌인데— 엄청나게 고통스럽지만 동시에 희열도 느껴진다. 고통은 참을 만하다. 2~3초간 극심한 고통이 밀려왔다가 롤퍼의 손이 몸에서 떨어지면 갑자기 사라진다. 치과 의자에 앉아 있을 때의 두려움과는 대조적으로, 롤핑을 대할 때는 신기할 정도로 신뢰가 가고, 안심이 된다. 또 고통과 함께 기분 좋은 흥분이 강하게 밀려올 때도 있다. 롤핑을 받으면 신체적으로 변화가 오고, 몇 년간 비틀렸던 근육이 마침내

풀리는 느낌을 받는다. 에너지가 몸 전체를 오르락내리락하는 기분이 든다.

또 다른 강한 감정은 치료를 받는 과정에 나타난다. 때로는 지금까지 기억하지 못했던 어린 시절의 기억이 의식 위로 떠오를 때도 있다.

롤핑의 신체적 효과는 대부분 영원히 지속된다. 수많은 환자들은 롤핑을 시술받고 자세가 상당히 달라진 후 심리적 변화도 똑같은 정도로 경험했다고 했다. 에너지가 더 충전되고, 웰빙의 감각이 커지며, 타인과의 관계가 단순명쾌해지는 것이 그들이 주로 말하는 이점이다.

프로스카우어 마사지(Proskauer massage). 호흡 치료법의 선구자인 마그다 프로스카우어가 개발한 신체에 직접 가하는 치료법 중 하나이다. 아주 미세한 형태의 마사지인데, 프로스카우어의 시술은 거의가 호흡과 밀접하게 결부되어 있다. 마사지 자체는 호흡 주기에 맞춘다. 예를 들면, 환자가 숨을 내쉬는 깃털 같이 가벼운 터치로 근육 뭉치를 따라간다. 환자의 호흡을 깨닫고 신뢰하는 능력을 고양시키기 위하여 고안되었다. 프로스카우어 마사지를 올바로 했을 때 피술자는 호흡으로 내면이 마사지를 받은 것 같은 기분이 든다.

시아추(Shiatsu). 시아추는 일본식 마사지로 거의 엄지두덩 안쪽 부위로 시술한다. 아시아식 마사지 중에서 이 기법이 가장 배우기 쉽다. 양 엄지로 신체 한 곳 또는 수백 곳을 한 번에 수 차례 압박한다. 전체 마사지는 신체 모든 부위를 커버하지만, 의술의 목적으로 시술할 때는 몇 군데만 조합하여 시술한다.

시아추는 처음에는 엄지를 계속 사용해야 하기 때문에 시술이 어렵다. 하지만 매일 조금씩 연습하면 곧 엄지에 필요한 세기와 지속력을 가할 수 있게 된다.

마사지 기법 자체도 흥미롭지만, 시아추는 서양식 마사지와 조합했을 때 속도를 아주 효과적으로 바꿀 수 있기도 하다. 시아추를 시술할 수 있는 지점은 자기 자신이 마사지를 할 수도 있으므로 셀프 마사지에도 적용할 수 있다.

침술(Acupunture). 중국 전통 의술이다. 에너지가 몸에서 발현하고 순환하는 정교한 이론에 기초한 침술은 몸 전체에 산재한 아주 정교하고 미세한 지점의 핵심 부위를 자극하는 요법이다.

널리 알려져 있다시피, 이 지점들을 보통 가느다란 금속 바늘로 25~38mm 정도 깊이로 찔러 자극한다. 그러나 침술을 마사지의 한 형태로 필수 지점을 관절이나 엄지로 압박하여 자극하는 식으로 시술하기도 한다는 사실은 많이 알려져 있지 않다.

침술에 관한 구체적인 특징은 비교적 많이 알려져 있지 않다. 서양에서는 침술의 효과에 대한 진보된 과학적 연구가 프랑스에서 행해졌는데, 프랑스의 일부 의학계에 얼마간 흥미를 불러일으켰다. 효과가 대단하고 매우 정교한 의술인 침술은 지속적으로 그 성과가 보고되었고, 더욱 일관된 연구 프로그램을 통하여 언젠가 우리 인간의 신체에 대한 과학적 이해의 큰 변화가 찾아올 것이라고 전망한다.

극성 치료(Polarity Therapy). 랜돌프 스톤(Randolph Stone) 박사가 반 세기 동안 개발한 수많은 마사지와 기법을 통합하고 종합하여 명명한 요법이다.

극성 치료를 가장 쉽게 설명하자면 롤핑과 유사하고 침술의 원리와 비슷하다고 보면 된다. 롤핑처럼 극성 치료는 관절, 엄지 또는 팔꿈치로 집중적으로 압박을 세게 가하는 기법이다. 또 롤핑과 유사하게, 이 요법의 기능 중 한 가지는 체형의 재정렬이다.

그러나 침술처럼 극성 치료는 몸 안에서 흐르는 에너지의 특성을 면밀히 분석한다. 이 이론의 대부분은 요가 철학과 인도의 정신적 전통에서 유래한다. 평생을 명상 수행가로 지낸 스톤 박사는 인도에서 의료원 원장으로 수 년을 보냈다.

마사지를 더 배울 수 있는 곳

이 책으로 스트로크를 다 배웠으면 이제 마사지 기법에 관한 지식을 어떻게 넓힐 수 있을까?

가장 좋은 방법 중 하나는 마사지에 입문한 친구를 찾는 것이다. 그리고 여행하는 포크송 가수나 여타 공예가들처럼 자신이 알고 있는 것과 그들이 알고 있는 것을 나누는 것이다. 이것이 성공할 만한 선택이 아닌 것처럼 보여도—동료 마사지 전문가가 당장은 나타나지 않을지라도—우주의 법칙이란 알 수 없기 때문에 마사지를 사랑한다면 언젠가는 같은 생각을 갖고 있는 사람을 분명 만날 것이라고 장담한다.

또 아주 좋은 장소로는, 능력 개발 센터의 마사지 강연회 같은 곳이다. 강연회의 강사와 함께 자신이 배운 것을 어떻게 사용하고 있는지를 점검하고, 여러 새로운 스트로크와 기법도 연마할 수 있다. 더 중요한 것은, 의사소통, 신뢰, 막힌 에너지를 풂으로써 마사지의 더욱 철저한 기본기를 다지게 된다는 것이다.

대학에서는 수시로 마사지 강의를 개강한다. 또한 마사지를 교육하는 정식 학교는 일부 대도시에서 찾을 수 있다. 대부분은 6주에서 6개월까지 단일 강좌로 제공한다. 이들 학교에서는 거의 전적으로 마사지의 기술적인 부분에 대해서 강의를 한다. 해부학도 약간 가르친다. 학교마다 강의의 질이 상당히 차이가 나므로 신청하기 전에 학교를 세심히 알아보길 바란다.

마지막으로, 자신의 손이 최고의 스승이다. 계속 경청하라.

직업으로서의 마사지

지금까지 마사지가 아주 흥미로웠다면 아마도 마사지를 직업으로 삼는 것도 괜찮은
일이라고 생각했을 것이다. 그런 생각을 해봤다면, 이 말에 다소 실망할지도
모르겠다.

마사지 관련 전문 직종은 세 가지 이상 있다. 각 직종은 서로 차이가 아주 크며, 직종
간에 의사소통이나 이해도 거의 없는 것이 사실이다.

대중에게 가장 많이 알려진 마사지 세계는 전문 안마시술소다. 대도시에서만 찾을
수 있는 이곳의 대중적인 이미지는 우리 부모님 세대에서나 볼 수 있었던 '10센트
댄스홀' 같은 수준이다.

이같이 험악한 명성은 일부만 사실이다. 사실 안마시술소는 천차만별이다. 그 중 몇
곳은(대부분의 도시에, 있다 하더라도 극소수는) 간판만 안마시술소지
매춘업소이다. 정식 마사지만을 시술해주는 그 외 안마시술소는 이러한 이미지로
광고를 해서 영업을 해 나간다. 그곳을 이용하는 고객은 그곳에서 무엇이 되고
무엇이 안 되는지를 재빨리 알아차린다 하더라도, 이런 식의 광고는 대중에게
마사지의 이미지만 해할 뿐이다.

정식 안마시술소 분위기는 최악일 경우 아주 허름하고, 최상일 경우 최고의 시술소
같다. 아주 훌륭한 마사지를 시술하는 곳도 있지만, 대체로 시술되는 마사지는
현저하게 낮은 수준이다. 많은 경우 안마사들은 최소한의 트레이닝만 받고 시술을
하고 있다. 실력이 괜찮은 안마사도 있지만, 근로 환경에서 인간미 없고 기계적인
마사지를 해주면서 지루하고 보람 없는 떨림에 반응하는 경우가 많다.

더 말할 필요도 없이, 안마시술소에서 일하려는 열의를 가질 필요는 없다고
충고하고 싶다. 마사지를 즐기는 사람으로서(이점이 마사지를 생업으로 하는
이유라고 가정한다면), 좌절이 거듭되리라는 것을 예상하라. 평균 고객들은 그들이
봐온 광고 덕분에 엉뚱한 기대만 잔뜩 하고 안마시술소를 찾기 때문에 안마사의

손이 진정으로 하고픈 말에 귀를 기울이기가 상당히 어려울 것이다. 또 여성으로서 (안마시술소에서는 남성을 고용하는 일이 거의 없다), 아니면 반복적으로 기분 나쁘고 진부한 일상을 반복하는 자신을 발견할 것이다.

고객의 집에 가서 마사지를 시술해주는 것은— '출장 마사지' 라고 한다—그저 안마시술소의 연장일 뿐이며 어려움은 거의 동일하다. 많은 곳에서 약간의 수수료만 지불하면 바로 취득할 수 있는 지역 영업 면허가 출장 안마에 필요한 법적 전제조건의 전부다. 좀 더 실제적으로 말하자면, 투자할 거라고는 이동식 마사지 테이블(테이블에 관해 설명한 앞 챕터를 참조한다), 이동 수단(차가 꼭 필요하다), 광고(친구와 지인의 입소문을 이용하거나, 보통 가장 필수적인 광고로 지역신문에 광고를 게재하는 등), 그리고 전화를 기다리는 일이 전부다.

출장 안마의 장점은 사장이 바로 자기 자신이라는 점, 마사지하는 데 소요되는 실제 시간 대비 돈을 더 많이 받을 수 있다는 점, 그리고 시간이 지나면서 자신의 스타일과 잘 맞는 단골 고객을 모으기가 쉽다는 점이다. 그러나 대부분은 안마시술소에서 느꼈던 심리적 불만을 출장 안마를 해도 느끼게 된다. 그 이유는 다른 경우와 마찬가지로 이 경우에도 대중의 왜곡된 마사지에 대한 이미지 때문에 아무나 전화를 걸지 않고, 전화를 거는 고객은 그 기대가 뻔하기 때문이다.

남성도 여성처럼 출장 안마를 할 수 있다. 대부분의 남성들도 같은 상황에 여러 번 부딪히게 된다.

마사지 풍경이 전혀 다른 곳은 병원의 물리치료실에서 찾을 수 있다. 이곳의 마사지는 훈련을 받은 물리치료사들이 엄격히 의술의 목적으로 시술한다. 정식 자격증을 소지한 자격자에게 마사지는 합당한 직업의 표출구이다. 그러나 대다수는 몇 가지 제약 사항 때문에 이곳에서 마사지를 시술하기가 어렵다.

먼저 물리치료사 자격증이 있어야 한다. 대부분의 주에서 자격증을 따려면 1년 이상 수료를 목적으로 하는 정식 학교에서 종일 수업을 들어야 한다. 두 번째로, 마사지는 물리치료사가 하는 일 중 극히 일부에 불과하다. 그리고 마사지 처방을 받았을 때, 신체의 한 곳에서 많은 시술을 하는 경우가 많다. 세 번째로, 안마시술소의 이상야릇한 분위기는 벗어날 수 있지만, 병원의 물리치료실 역시 인간미가 없기는 마찬가지일 경우가 많다.

일부 체육관이나 헬스클럽에도 안마실이 있다. 그곳 분위기는 병원과 아주 비슷하다. 보통은 공식 자격증이 없어도 된다.

그러나 마사지의 또 다른 세계가 점점 자라고 있다. 앞서 말했듯이, 에솔란과 같은 능력 개발 센터가 많이 있고, 그곳에서 마사지를 배울 수 있다. 수강생이 적어도 강연회 수강생들에게 마사지 시범을 보일 수 있도록 한 명 이상의 관리사를 보유하고 있다.

비교적으로 그런 직업을 가진 사람들은 꽤 만족을 하는 편이다. 한 가지 이유는 능력 개발 센터의 강연회에 오는 사람들 대부분은 마사지의 가치와 의미를 쉽게 받아들이기 때문이다. 또 다른 이유는 능력 개발 센터는 요가나 태극, 그리고 '체력 단련'의 기타 종류도 가르치는 곳이 많기 때문에, 그곳의 분위기는 대체로 고무적이다. 그러나 이런 장점들이 분명함에도 자리가 많이 나지 않아 찾기가 그리 쉽지 않다. 그래도 원한다면 시도해보길 바란다. 행운을 빌겠다. 하지만 실망할 준비는 하는 게 좋다.

이런 힘 빠지는 충고에도 불구하고 마사지를 직업으로 삼고자 하는 생각이 분명하다면, 한 가지 긍정적인 제안을 하겠다. 원하는 일자리를 찾을 수 없다면 스스로 만들라. 예를 들어, 성장하는 마사지 시장에 구미가 당긴다면, 안마시술소가 없는 능력 개발 센터를 찾아가 하나쯤 필요하고 자신이 운영할 수 있다고 설득하는 것이다.

아니면 안마시술소에서 일하는 것이 괜찮다고 생각되면, 스스로 안마시술소를 하나 차려보라. 원하는 대로 분위기를 밝게 만들어서 관심을 끄는 광고를 계속 하고,

고객에게 마사지란 어떤 것인지를 가르치려는 노력을 조금 더하면 된다. 베이 애리어에 이 공식을 아주 멋지게 승화시킨 한 친구를 알고 있다. 불가능한 일이 아니다!

고객에게 마사지란 어떤 것인지를 가르치려는 노력을 조금 더하면 된다. 베이 애리어에 이 공식을 아주 멋지게 승화시킨 한 친구를 알고 있다. 불가능한 일이 아니다!

인체 해부도

마사지를 가르칠수록 마사지를 처음 배우는 사람이라면 누구든지 기본 마사지 기법의 일부를 통달할 때까지 정식 해부학을 공부하지 않는 게 가장 좋다는 확신을 거듭하게 된다. 그 이유는 간단하다. 처음에 가장 먼저 배워야 할 것은 손으로 듣는 기술, 촉감만으로 ‘읽는’ 능력, 타인의 전체적인 느낌과 구조를 익히는 것이다. 정식 해부학을 배우는 것은 이 감각의 발전을 촉진하기보다는 오히려 흐트러뜨리는 것 같다. 또 앞서 여러 번 강조했듯이, 해부학 지식은 가장 기본적인 기술을 배우기 위해 필수적으로 익혀야 하는 것은 아니다.

그렇다면 왜 굳이 해부학을 공부해야 할까? 몇 가지 아주 좋은 이유가 있다. 가장 중요한 것은 해부학을 알면 확신이 생기기 때문이다. 그리고 앞서 말했듯이, 해부학 지식이 있으면 이미 배웠던 마사지 기법에서 새로운 기법을 개발하는 데 도움이 된다. 또 어떤 문제―특정한 근육 부위가 극도로 뭉쳐 있는 경우 등―에 부딪혔을 때 상당히 도움이 된다. 마지막으로, 사람의 몸이 실제 어떻게 작용하는지에 대한 궁금증을 해결해준다―분명히 마사지를 많이 하게 되면 언젠가는 해부학에 상당히 관심이 많이 생길 것이다.

다음 설명과 도해는 간략하게 정리한 것이다. 해부학을 좀 더 광범위하게 공부하고 싶으면 ‘참조 문헌’ 목록을 보기 바란다.

골격. 골격을 이루는 뼈는 ‘감각’ 이 없다. 그러나 골격을 둘러싸는 신경초는 감각이 있으며, 근육을 뼈에 붙이는 결합 조직의 역할을 한다. 골격은 또한 신체에서 중요한 화학적 · 구조적 기능을 한다. 그러나 마사지에서 중점을 두어야 하는 부분은 근육 다발과 신경 감각 구역을 대표하는 골격의 능력이다.

장골은 항상 곡선을 이룬다. 이 곡선은 뼈의 탄성을 증진시키고 근육이 결합할 공간을 더 많이 제공하며 근육의 일부를 특별한 방향으로 안내하기도 한다.

인체에는 약 206개의 뼈가 있다. 이 중 중요하게 기억해야 할 뼈들을 익히면 신체 어디에서든 나아가야 할 곳을 찾을 수 있을 것이다.

두개골. 두개골은 척추 맨 위, 고리뼈(Atlas)라고 하는 척추뼈의 최상부 바로 위에 놓여 있다. 두개골은 뇌를 감싸는 뇌두개와 안면뼈를 포함하여 여러 작은 뼈들로 이루어져 있다. 이 뼈들은 서로 맞물려 있지만 실질적인 목적에서 턱뼈를 제외하고 이들을 한 개의 뼈로 간주한다.

척추. 척추는 24개의 분리된 척추골로 이루어져 있으며 두개골 바닥에서 요추 기초부와 엉치뼈, 꼬리뼈까지 뻗어나간다.

목에는 7개의 척추골이 있다(목등뼈). 등 상부에는 12개의 척추골이 있으며(흉추), 이곳에 갈비뼈가 연결되어 있다. 등 하부에는 5개의 척추골이 있다(요추). 엉치뼈와 꼬리뼈는 본래 분리되어 움직이는 척추뼈이다. 그러나 시간이 흐르면서 이 뼈들은 서서히 맞물려 인간이 30세가 되면 움직이지 않는 한 개의 뼈가 된다. 일반적으로 척추 전체에서 하부 척추뼈가 치수상으로 더 크다.

등뼈를 따라 육안으로 볼 수 있는 척추의 각 요철은 실제 '돌기'라고 하며, 척추골 중앙에서 보호를 위해 튀어나온 것이다. 각 척추골은 모양이 약간씩 다르며 아래 그림과 같이 척수를 감싸는 원통형에 세 개의 돌기가 있다. 돌기는 오른쪽과 왼쪽, 그리고 뒤쪽으로 바로 뻗었다. 손가락으로 누르면 세 개의 돌기 모두를 만질 수 있다. 척추골 한 쌍의 원통형 부위 사이에는 연골 디스크가 있어 척추골이 움직일 때 완충 역할을 한다. 때로는 이 디스크가 한쪽으로 약간 쏠리는데 바로 '디스크'다.

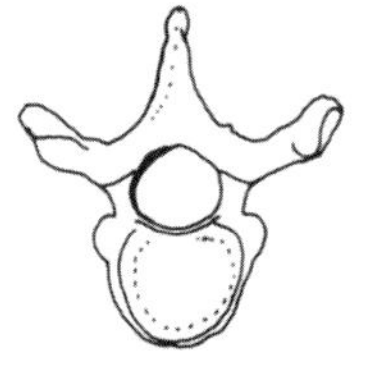

위에서 본 척추골

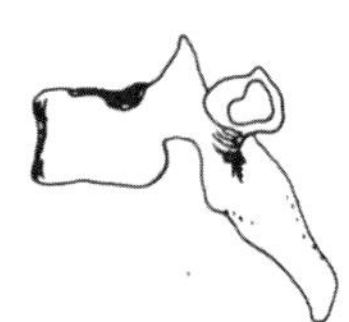

옆에서 본 척추골

정상적인 인간 척추의 곡선은 다음과 같다.

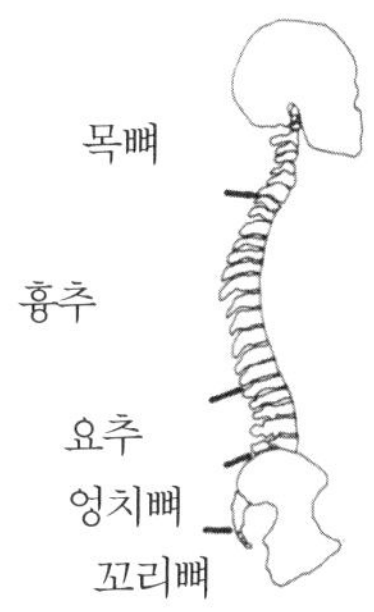

흉골은 가슴 중앙에서 갈비뼈를 앞에서 이어주는 납작하고 단단한 뼈이다.

쇄골은 두 개의 얇은 뼈로 가슴 맨 위에 튀어나와 있다. 흉골 최상부에서 뻗어 나와 어깨까지 이어진다.

갈비뼈는 열두 쌍으로, 흉곽을 이루어 등쪽에 있는 열두 쌍의 흉추까지 이어진다. 앞에서는 일곱 쌍의 갈비뼈가 흉골에 바로 붙어 있다. 다음 세 쌍의 갈비뼈는 연골을 통해서 흉골에 간접적으로 붙어 있는데, 연골이 아주 단단해서 뼈처럼 느껴진다. 마지막 두 쌍은 등 쪽 척추에만 붙어 있으므로 부유 늑골이라고 한다. 맨 아래의 부유 늑골은 손가락으로 찾을 때 놀라움을 금치 못하는데, 도해와 같이 '제대로 된' 위치에서는 찾을 수가 있다. 그러나 아주 큰 각도로 아래로 기울어져 있어서 아래쪽 끝은 엉덩이에서 조금 더 위의 몸통 근육에 파묻히는 경우가 많다.

견갑골, 즉 날개뼈는 마사지의 관점에서 보면 특히 신기한 한 쌍의 뼈이다. 흥미로운 점은 견갑골의 모양이다. 특히 견갑골에서 뻗어 나와 어깨의 쇄골 한쪽과 연결된 견봉이라는 것이 있다. 또 견갑골의 구조적인 역할은 어깨에서 이루어진다는 점도 특이하다. 견갑골과 쇄골 두 개 뼈만으로 상완골, 즉 두꺼운 위 팔뼈를 끼워 맞추는 소켓의 역할을 한다. 마지막으로, 쇄골은 견갑골과 연결된 유일한 뼈이다. 등쪽 갈비뼈와 '반대로' 배열되어 있음에도(사실 근육과 결합 조직이 이들 사이에 있다),

모든 방향으로 25mm 이상 견갑골을 자유롭게 움직일 수 있다.

팔. 위팔은 한 개의 뼈로 이루어져 있지만 아래팔은 두 개의 뼈로 이루어져 있다.

손은 여러 개의 작은 뼈들로 이루어져 있다. 손목에만도 여덟 개의 뼈가 있다.

골반. 골반대의 중요한 점은 단 한 개의 커다란 대야 모양의 뼈가 모든 실질적인 역할을 다 한다는 것이다. 큰 엉덩이뼈는 본래 세 개의 뼈로 구성되었는데 성숙하면서 서로 융화된다. 그리고 양 엉덩이뼈는 엉치뼈에 단단하게 연결되어 손가락으로는 전체 구조가 하나의 뼈로 느껴진다.
여성과 남성 골격의 가장 큰 차이는 골반에서 찾을 수 있다. 여성의 골반은 넓게 벌어졌고, 더 가볍고 짧다. 남성의 골반은 더 넓고 울퉁불퉁하며 가장자리가 두껍다. 골반의 구조는 하나의 커다란 뼈이기 때문에 이 부분은 허벅지 관절이나 엉치뼈와 만나는 다섯 번째 요추 척골을 굽힐 때만 움직일 수 있다. 따라서 5번 요추 바로 주변은 거의 모든 사람들에게 효과 좋은 마사지를 시술하기 가장 좋은 자리이다.

다리는 팔과 마찬가지로 한 개의 커다란 뼈가 위에 있고 두 개의 평행한 뼈가 아래에 있다. 슬개골, 즉 무릎뼈는 큰 힘줄에 파묻힌 작은 방패 모양 뼈이고 어떤 뼈와도 직접 연결되지 않는다. 허벅지의 큰 뼈인 대퇴골 맨 위에는 더 큰 전자라는 뼈가 한쪽에 붙어 있다. 관찰자 시각에서 큰 전자 때문에 튀어나와 보이는 뼈를 엉덩이의 일부로 착각하기 쉽다.

발은 손과 마찬가지로 수많은 작은 뼈들로 복잡하게 구성되어 있다.

신체의 복잡한 그물망 같은 **근육**은 그 수가 200개가 넘는다. 크기와 모양도 아주 다양하다. 어떤 근육은 손톱보다 작고, 어떤 것은 손바닥을 편 것보다 넓고 길다.

어떤 것은 실처럼 가늘고, 어떤 것은 두꺼운 덩어리이며, 또 얇은 종이 같은 근육도
있다.

근육 주변은 섬유 같은 결합 조직, 즉 근막이라고 하는 것으로 싸여 있다. 몇 겹의
결합 조직은 근육 조직 사이사이와 피부와 근육 사이에도 끼어 있다. 결합 조직의
가장 깊은 층은 실제 단 하나의 망조직을 구성하는데, 각 근육의 내부 구조를 싸고
있기도 하고 파고들기도 한다.

대부분의 근육은 뼈로 두 군데 이상 연결되어 있다. 그러나 어떤 근육은 다른 근육과
연결된 결합 조직의 한 곳 이상에 연결되어 있기도 하다. 전 근육 다발이 조화를
이루어 작용하고, 그 와중에 어떤 근육은 쉬기 때문에 몸을 움직일 수 있다.

수록된 도해(앨비너스가 그림)를 보면서 각 근육과 근육 다발의 그림이 첨부된
훌륭한 해부학 교재를 한 권 이상 곁들이면 좋은 공부가 될 것이다.

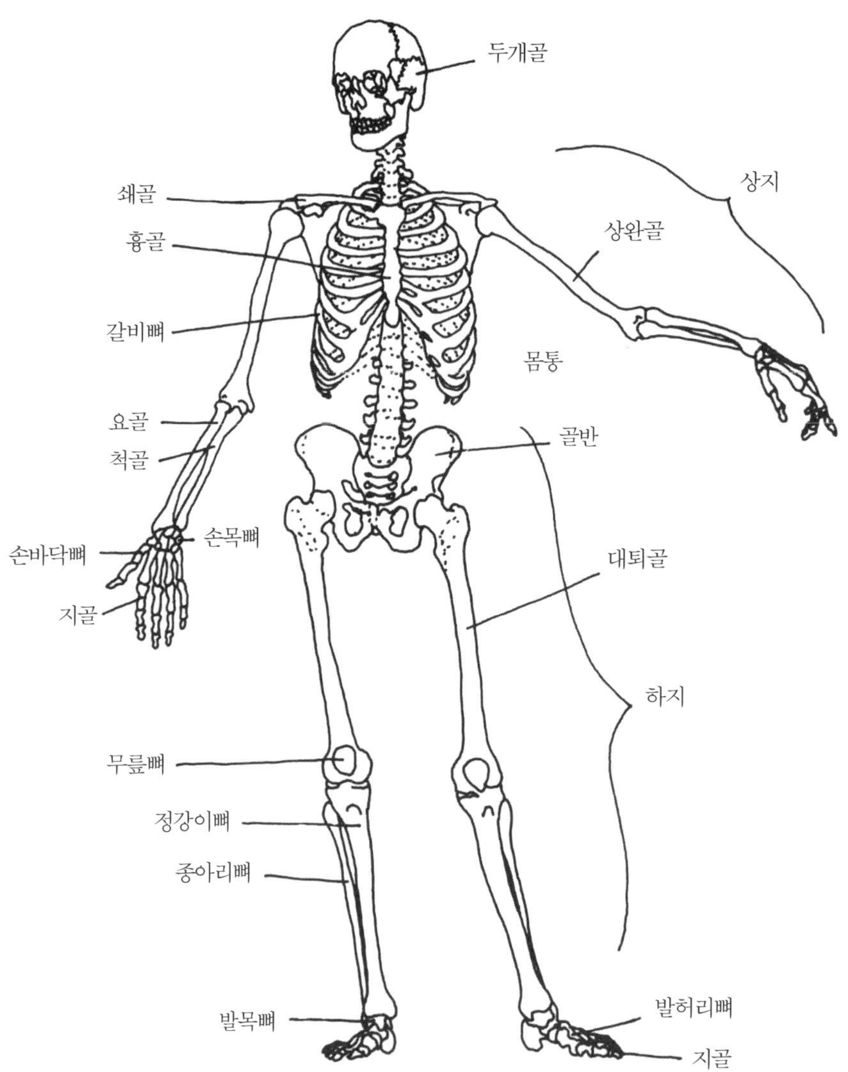

두개골
쇄골
흉골
갈비뼈
요골
척골
손바닥뼈
손목뼈
지골
상지
상완골
몸통
골반
대퇴골
하지
무릎뼈
정강이뼈
종아리뼈
발목뼈
발허리뼈
지골

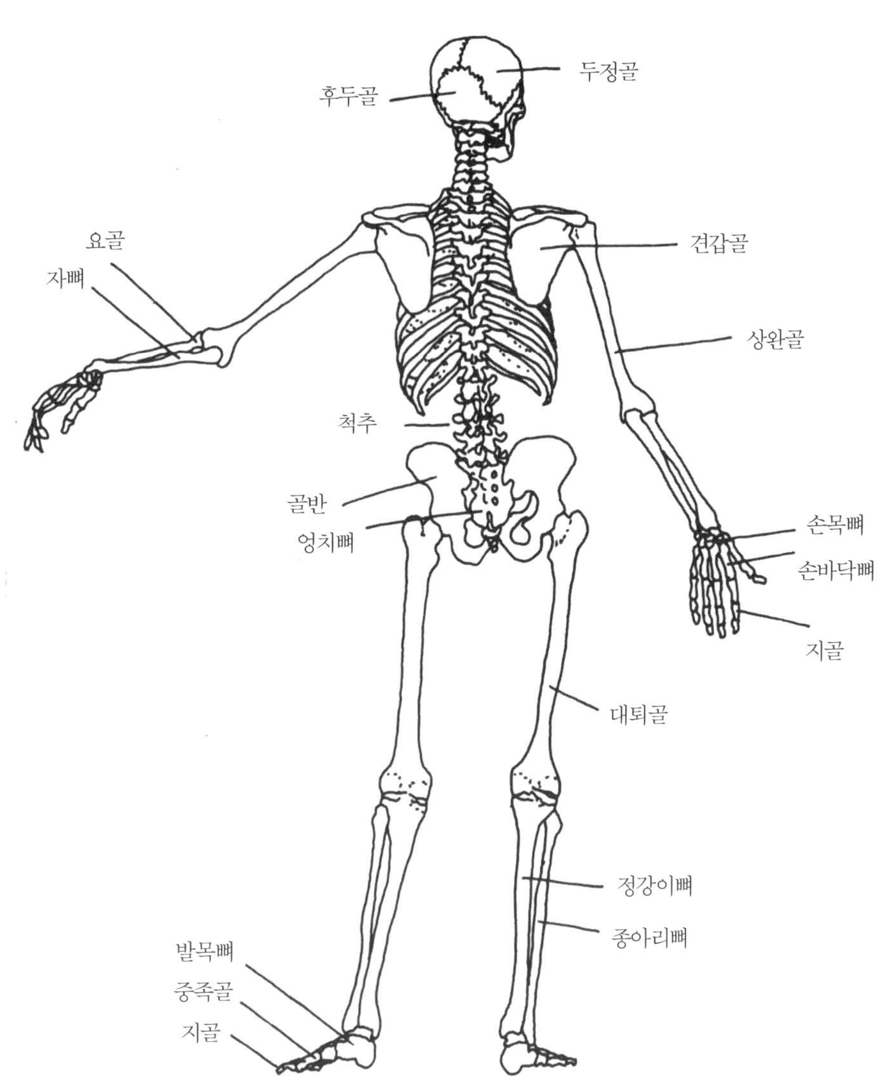

후두골
두정골
요골
자뼈
견갑골
상완골
척추
골반
엉치뼈
손목뼈
손바닥뼈
지골
대퇴골
정강이뼈
종아리뼈
발목뼈
중족골
지골

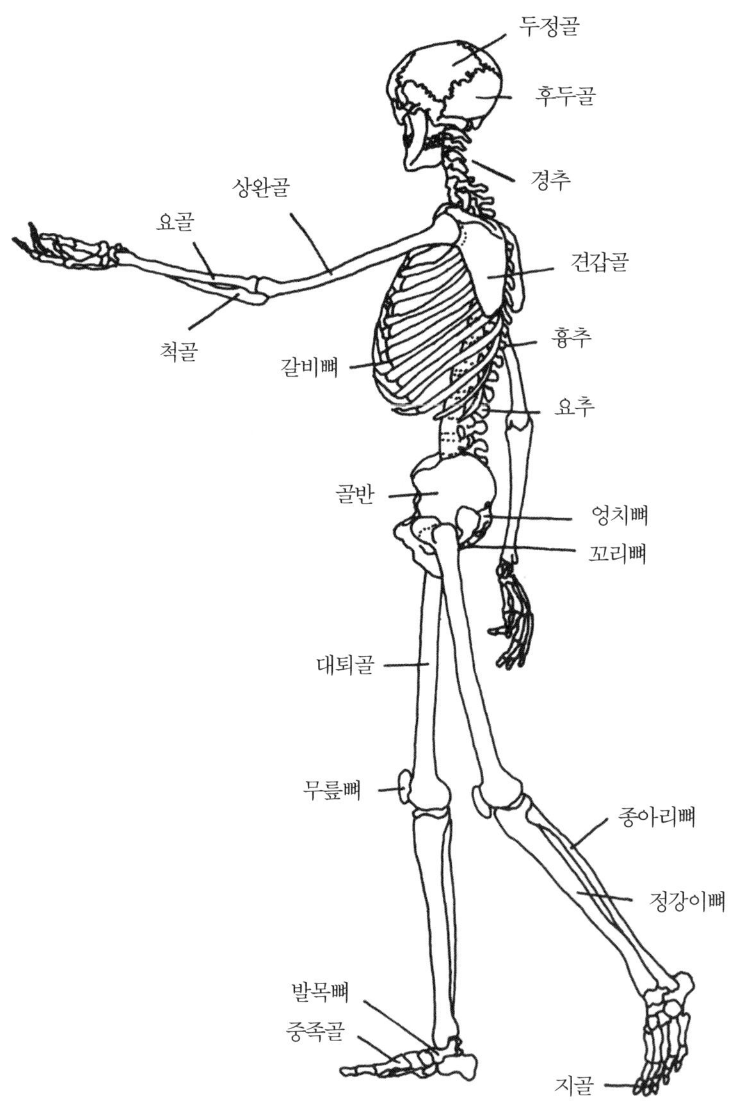

두정골
후두골
경추
견갑골
흉추
요추
엉치뼈
꼬리뼈
종아리뼈
정강이뼈
지골
상완골
요골
척골
갈비뼈
골반
대퇴골
무릎뼈
발목뼈
중족골

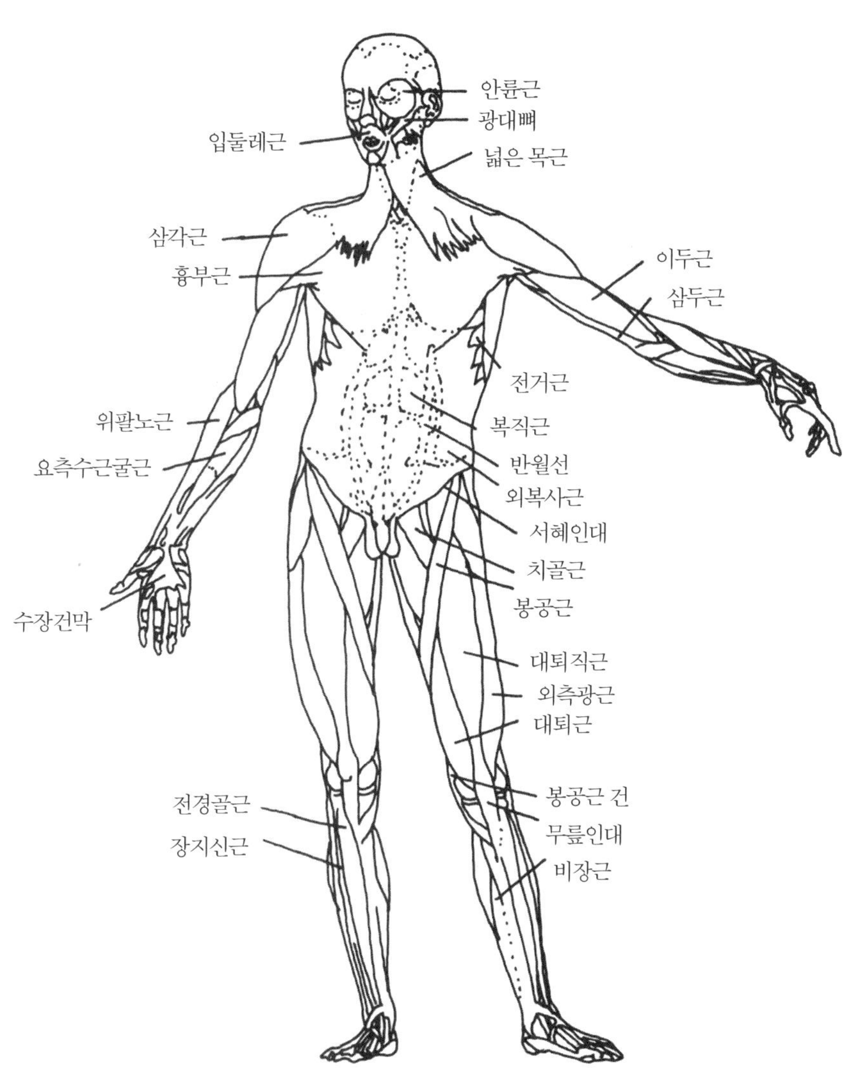
안륜근
광대뼈
입둘레근
넓은 목근
삼각근
흉부근
이두근
삼두근
전거근
복직근
위팔노근
반월선
요측수근굴근
외복사근
서혜인대
치골근
봉공근
수장건막
대퇴직근
외측광근
대퇴근
봉공근 건
무릎인대
전경골근
장지신근
비장근

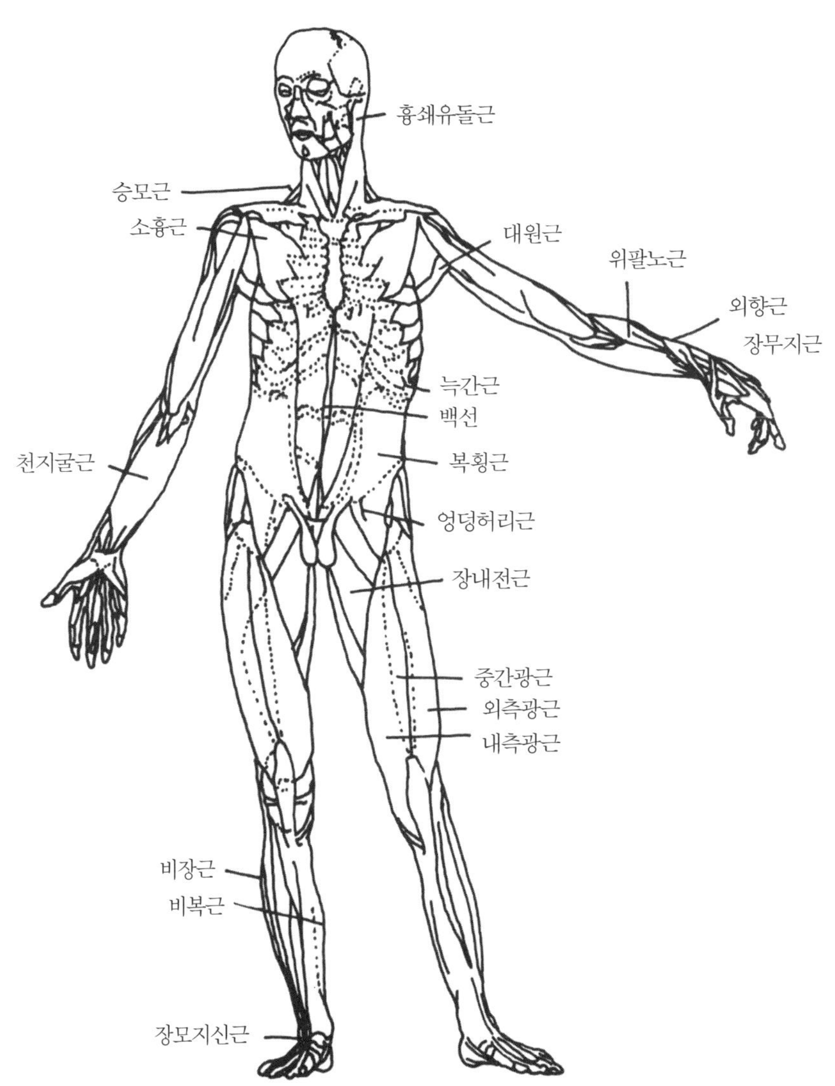

흉쇄유돌근
승모근
소흉근
대원근
위팔노근
외향근
장무지근
늑간근
백선
복횡근
엉덩허리근
장내전근
천지굴근
중간광근
외측광근
내측광근
비장근
비복근
장모지신근

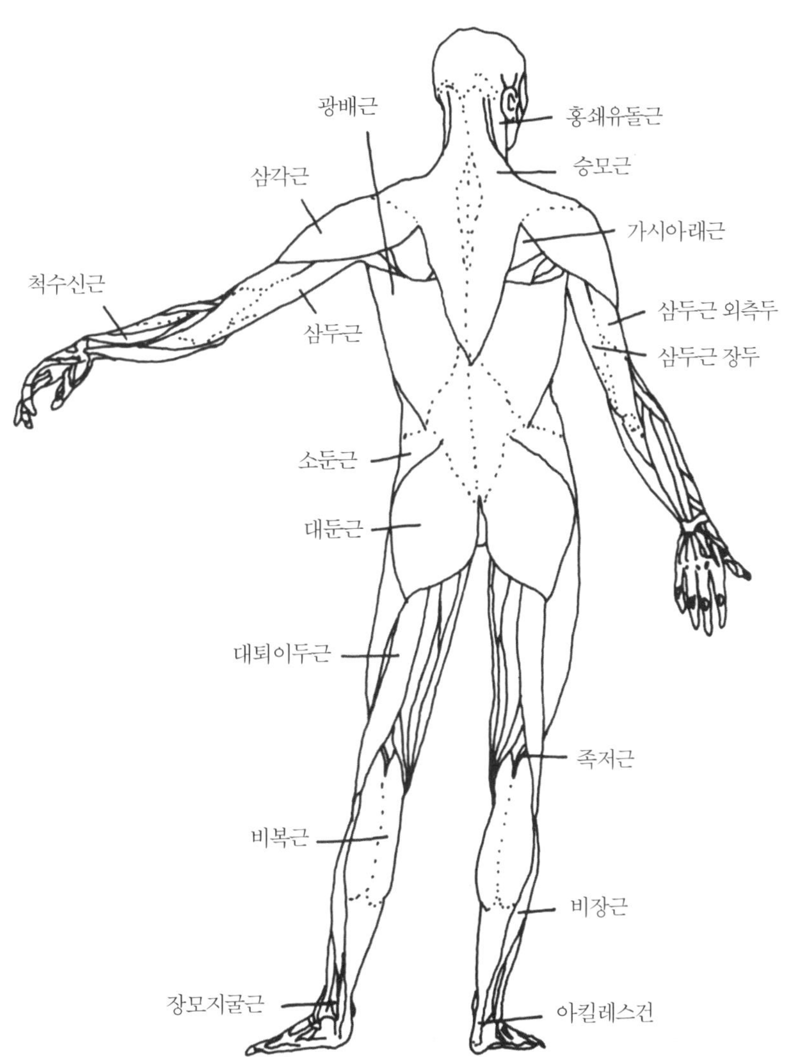

광배근
삼각근
척수신근
삼두근
소둔근
대둔근
대퇴이두근
비복근
장모지굴근
흉쇄유돌근
승모근
가시아래근
삼두근 외측두
삼두근 장두
족저근
비장근
아킬레스건

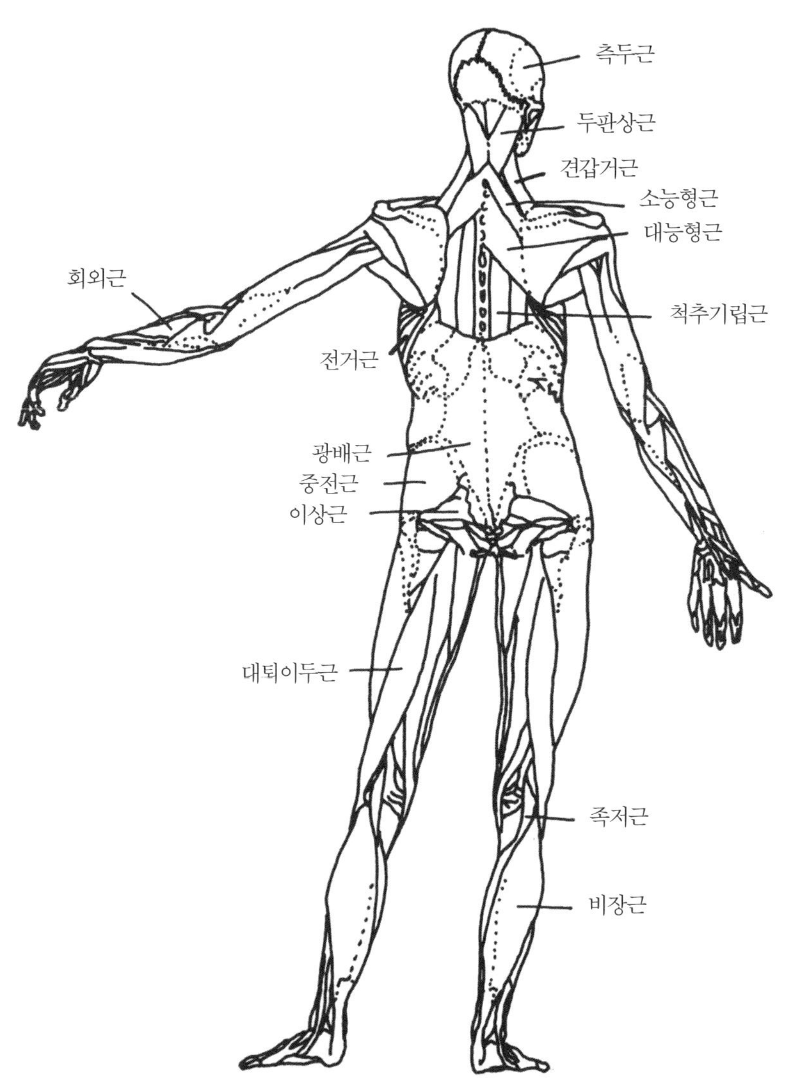

측두근
두판상근
견갑거근
소능형근
대능형근
척추기립근
회외근
전거근
광배근
중전근
이상근
대퇴이두근
족저근
비장근

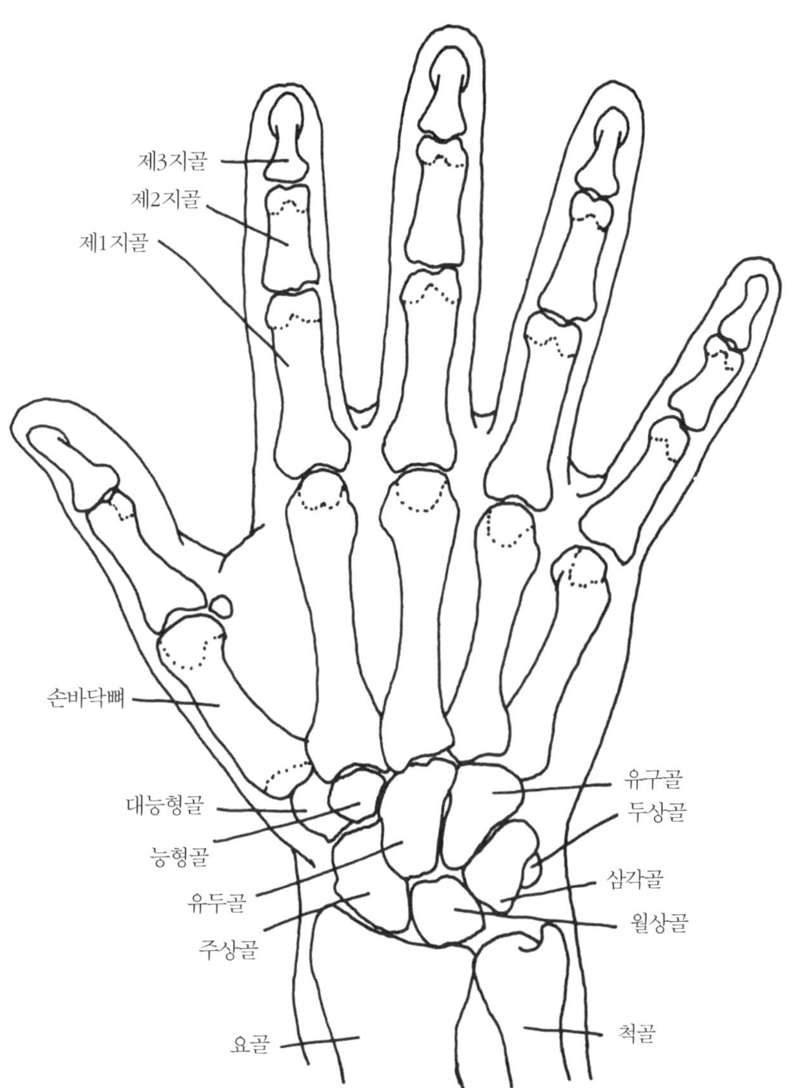

제3지골
제2지골
제1지골
손바닥뼈
대능형골
능형골
유두골
주상골
요골
유구골
두상골
삼각골
월상골
척골

등쪽뼈사이근
충양근
굴근 건
단모지굴근
모지내전근
무지대립근
횡수근인대
얇은손가락굽힘근 건
요측손목근

손의 근육, 손등

힘줄성널힘줄
배측골간근
총수지신전 건
장모지신근
해부학적 '코담배갑'
단모지신근
등쪽손목인대

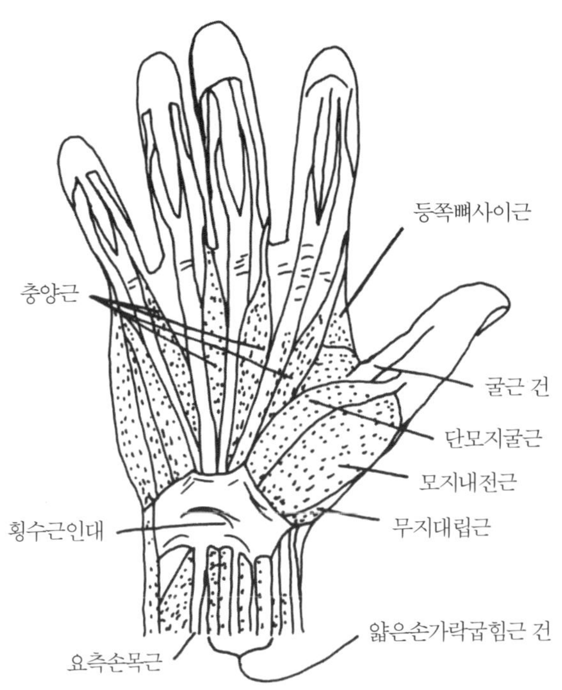

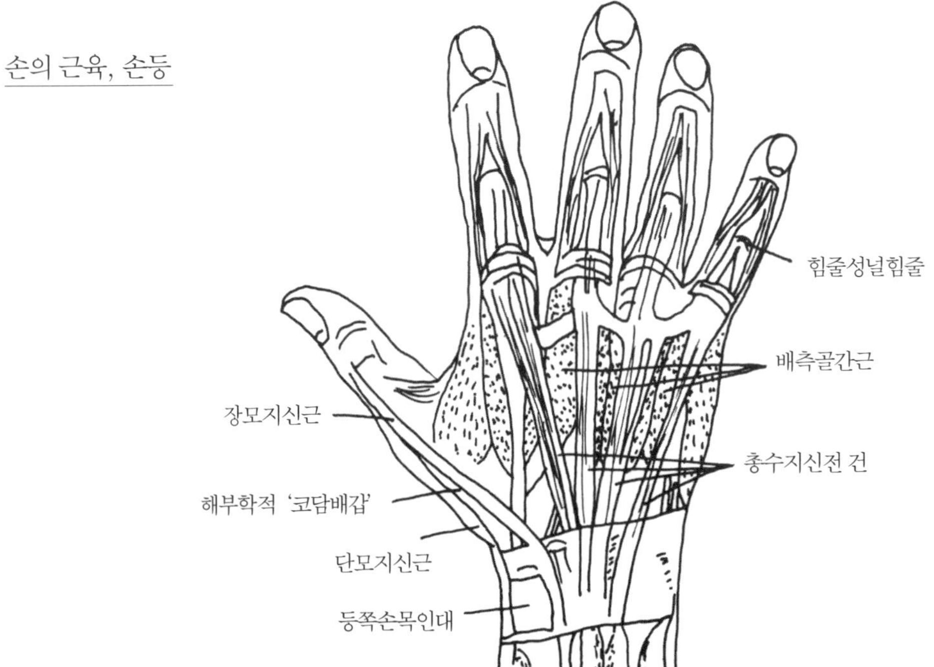

발의 뼈, 오른쪽 안

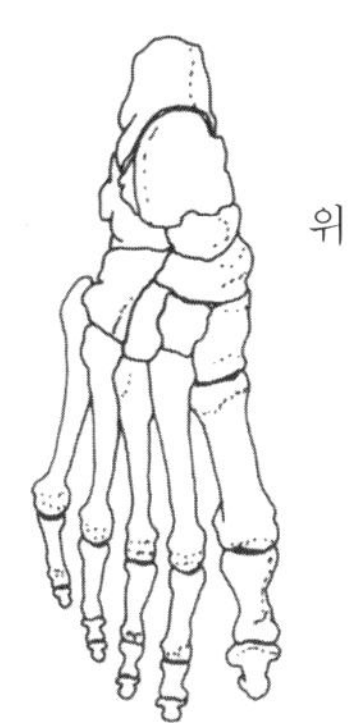

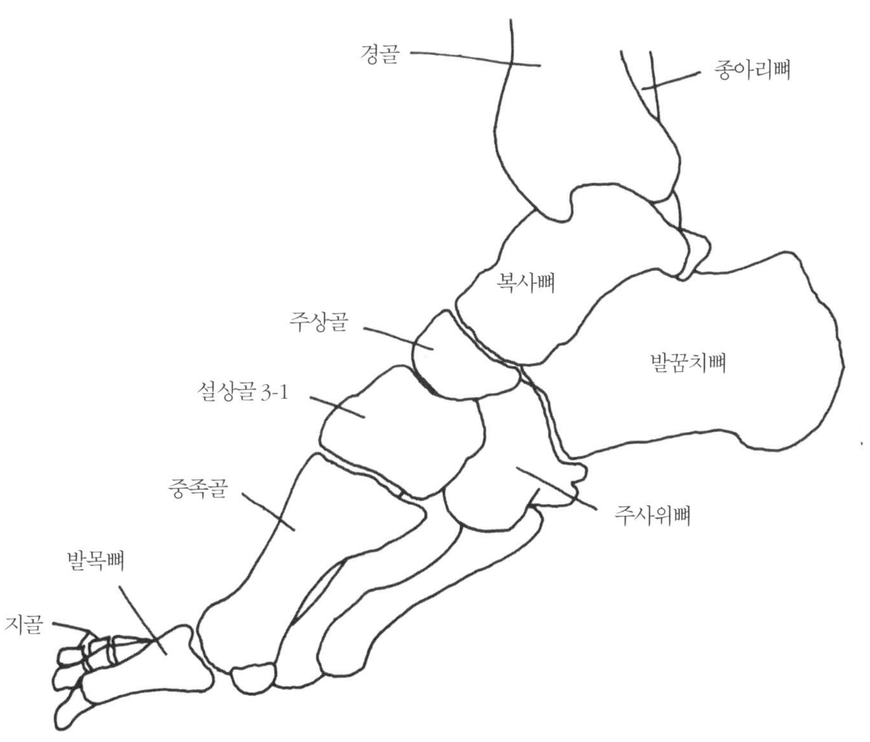

총수지신전 건
위폄근지지띠
십자 인대
긴발가락폄근 건
아킬레스건
짧은발가락폄근
장비골근
제3비골근

발의 근육, 안

앞정강근 건
굴근 건
장지굴근
긴엄지폄근 건
아킬레스건
무지 외전근

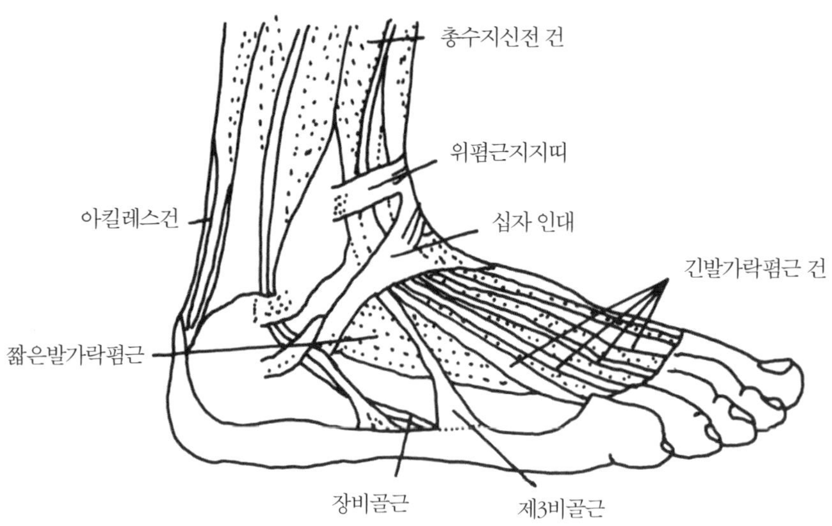

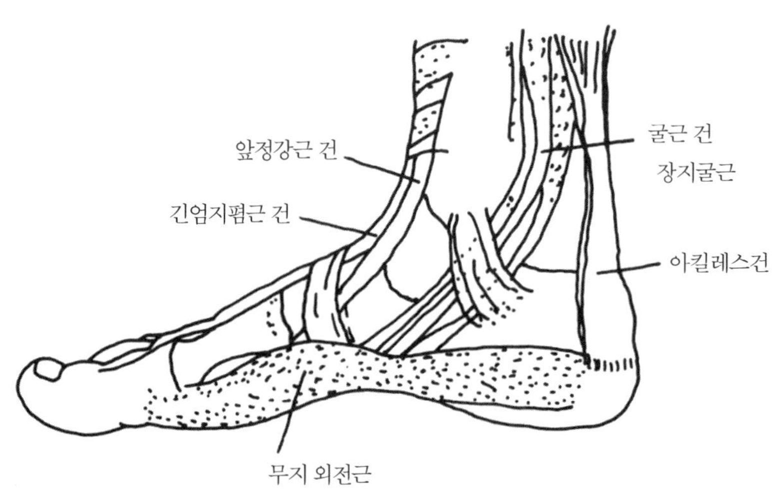

마사지북

2012년 8월 20일, 초판 1쇄 발행

옮겨엮음
번역   오명자, 안유정
자문 및 감수   오명자, 장미희
자문 도움   임미숙, 최정숙, 김미연, 신혜귀, 이영희
편집   최훈, 조윤형, 김미미
기획   李起雄, 최훈, 조윤형, 김미미

발행처
연장통
출판등록 제16 3040호
경기도 파주시 문발동 504 4
전화 070 7699 4950
www.yonjangtong.com
발행인   최훈
회장   李起雄

ISBN 978 89 966498 5 4(13590)

값은 뒤표지에 있습니다.